藏在劳动课中的科学实验

[日] 市冈元气◎著

刘旭阳◎译

王笃年◎审校

大家好，我是本书作者市冈元气。我喜欢通过视频平台与大家分享科学实验的乐趣。

一听到“科学”和“实验”，大家首先想到的可能是学校里的相关课程和实验室。其实，科学藏在我们生活中的各个方面。在日常生活中，我们会制作美食、打扫房间、清洗衣物等等，这些劳动的过程中都蕴含着科学。

在本书中，我会用身边常见的物品来做一些实验，然后从科学的角度向大家详细解释其中的实验现象产生的原因。

在第 1 章中，我会以美食为主题，在烹饪过程中做一些有意思的实验。在其他章节中，我会以打扫房间和清洗衣物为主，向大家介绍一些可

以让物品变干净、让空间变得一尘不染的小窍门。

大家可以跟我一起边劳动边做实验，这样既可体验科学的不可思议之处，也能帮助爸爸妈妈分担一些家务。

在本书的最后，我还设计了一个专门的研学栏目，大家也可以学习设计一个自己的科学实验。

通过科学实验和劳动实践，大家可以发现科学世界的神奇和生活的奥秘。我反复做过几千种实验，在这一过程中获得了很多神奇的体验。

希望大家都可以通过阅读本书感受到劳动和科学的乐趣。

现在，我们就来一起做实验吧！

[日]市冈元气

本书的阅读方法

在本书中，我会从科学的角度向大家详细解释劳动中产生的各种现象的原因。在大家很熟悉的烹饪、清洁、洗衣服等劳动中做科学实验，帮助大家学习、掌握相关科学知识，培养科学思维，让大家更快乐地参与到家务劳动中。也就是说，本书会利用科学的力量，让劳动变得充满乐趣！

实验的类别

实验需要使用的物品
做实验前，要把相关物品备齐。

与实验相关的信息
这些信息会让实验更有趣。

实验的注意事项
为了保证实验过程中的人身安全，大家一定要严格遵守注意事项哟！

实验的主题
用黄色标出来的就是关键词。

实验步骤
实验的每一步骤都配有实拍图，大家可以清晰地了解实验过程。

科学原理大揭秘
图文结合，向大家解读实验中的奇妙科学原理。

利用小苏打的力量，使墨鱼干变成新鲜饱满的生墨鱼的状态。

墨鱼干可以长期保存，还可以做成零食。在干燥状态下，墨鱼干会变得很硬。如果用小苏打进行浸泡，墨鱼干就会变得像生墨鱼一样新鲜、饱满、柔软，可以用来做更多美食。

需要准备的物品

- 墨鱼干
- 平盘等
- 勺子
- 水1升
- 小苏打一大勺

注意事项

小苏打必须是"食用小苏打"。

也可以用墨鱼来做这些菜

墨鱼干炖豆腐
在墨鱼干的浸泡汁中加入酱油、酒、砂糖并搅拌，放入豆腐和下一页中的步骤③的墨鱼，一起炖煮5~10分钟。

腌渍烤墨鱼
把步骤③的墨鱼烤熟，然后加上蛋黄酱等佐料，就可以品尝啦！

因为墨鱼中残留有小苏打，在炖煮的过程中会产生气泡，请大家注意，要防止溢锅。最开始出现的泡沫是杂质，最好把它们撇出来。在炖煮过程中浓汁变得浑浊后出现的气泡是豆腐释放出的物质，因此不需要撇出。

16

实验步骤

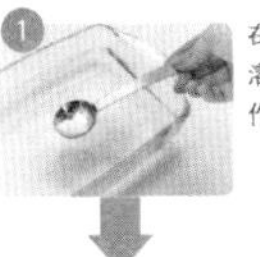

① 在盘中倒入水，溶解小苏打，制作小苏打溶液。

② 把墨鱼干放入步骤①的小苏打溶液中，浸泡一晚。

③ 第二天，墨鱼干就会变得像生墨鱼一样新鲜柔软。

特别说明

利用调料和水浸泡，也可以使墨鱼干变软。不过，如果想要使墨鱼干变得新鲜饱满，就要使用小苏打。

科学原理真有趣

小苏打溶解在水中后，溶液会呈现弱碱性。小苏打溶液中的碱性成分可以分解蛋白质，使其更容易吸收水分，因此墨鱼干会变得柔软。

再多了解一些

小苏打的化学成分是碳酸氢钠。碳酸氢钠溶解在水中后具有分解动物性蛋白质和植物性蛋白质的功能。因此，利用小苏打不仅可以使肉类变得柔软，还可以去除野菜中的杂质。

小苏打的使用量越多，墨鱼干就会变得越柔软。不过，使用过多就会导致墨鱼干变苦，所以要注意用量。

17

实验说明
对实验中的某些特定事项、情况或结果进行额外解释，帮助大家更全面地理解实验。

实验老师的小提示
来自作者的贴心提示，可以帮助大家更好地完成实验。

再多了解一些
详细解读科学名词，帮助大家加深对科学知识的理解。

小劳动，大科学

目录

第1章 美味的实验——烹饪劳动中的奇妙科学

第1章

美味的实验——烹饪劳动中的奇妙科学

日常的烹饪劳动中藏着很多科学的秘密。通过阅读本章内容，可以巧妙地制作出许多有创意的美味佳肴。

水可以传达小秘密？快来制作“暗号面包”吧！

烹饪

清洁

洗衣服

其他

用水和面包，再利用烤箱散发的热量，就可以制作属于自己的“暗号面包”，传递小秘密。

需要准备的物品

- 面包片
- 水
- 水杯
- 烤箱

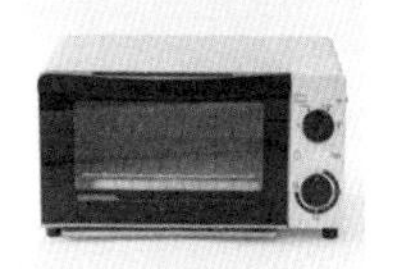

也可以用不同味道的水试一下

注意事项

烤箱运转时会很热，要注意避免烫伤！

实验步骤

1 在杯中倒入水，用手指蘸一下。

※ 做实验前，要把手洗干净！

2 用蘸了水的手指在面包片上创作暗号，可以是文字或图案。

3 请成人帮忙把面包片放进烤箱，然后在安全的位置仔细观察面包片的烤制过程。

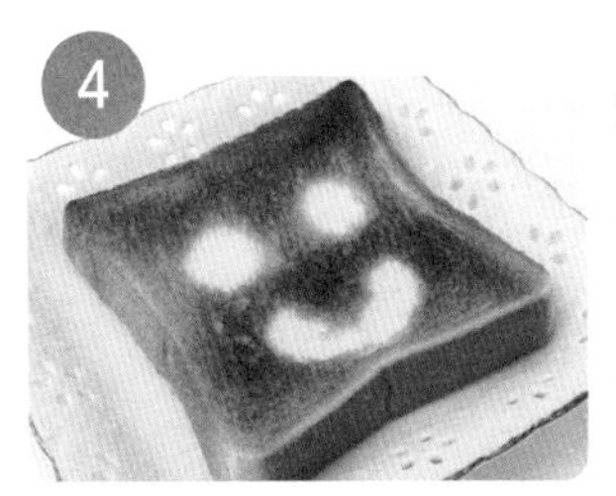

4 烤制完成，面包片上沾过水的地方仍然维持原色。

科学原理真有趣

面包片

沾过水的地方

没有沾过水的地方

面包片上没有沾过水的地方颜色变深，说明已经烤好了，而沾过水的地方要在水蒸发之后才开始烤，因此会出现烤制速度的差异，从而使“暗号”显现出来。

再多了解一些

烤制速度的差异还可以通过铝箔来实现。在面包片的某些部分放上铝箔，被铝箔盖住的部分可以阻隔烤箱散发的热量，仍然保持原色。

如果用柠檬汁代替水，沾过柠檬汁的部分就会变成“暗号”。需要注意的是，柠檬汁应充分浸入面包，晾干后再烤制。

用牙签画一只“艺术香蕉”。

烹饪

清洁

洗衣服

其他

不需要绘画工具，只要有牙签，就能在香蕉上画画了，超级简单！这个实验利用了香蕉皮中所含物质接触空气易氧化的特性。

需要准备的物品

- 香蕉
- 牙签

“艺术香蕉”的绘画小窍门

利用香蕉的弧度画画。

香蕉皮上的糖点（褐色斑点）也可以当作背景。

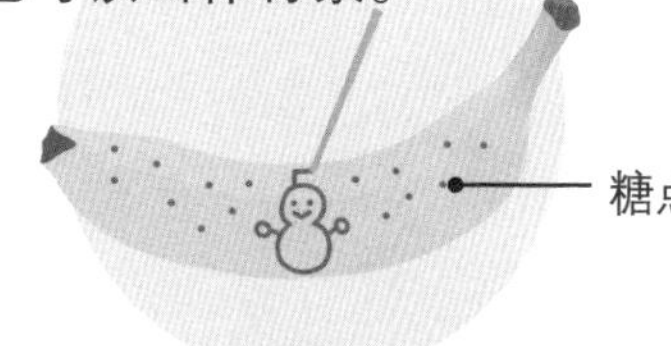

实验步骤

1

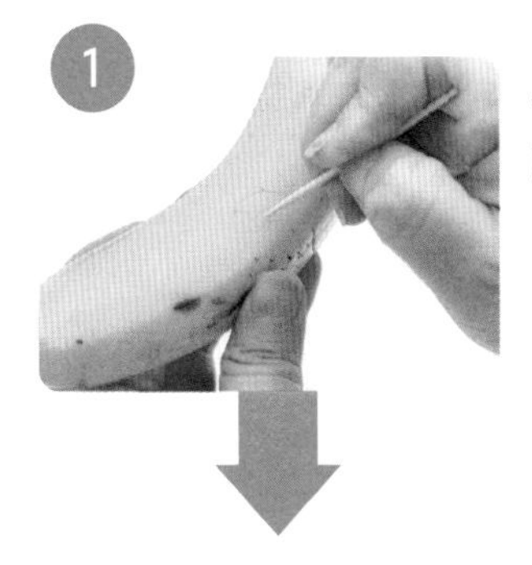

用牙签在香蕉皮的表面画画。

2

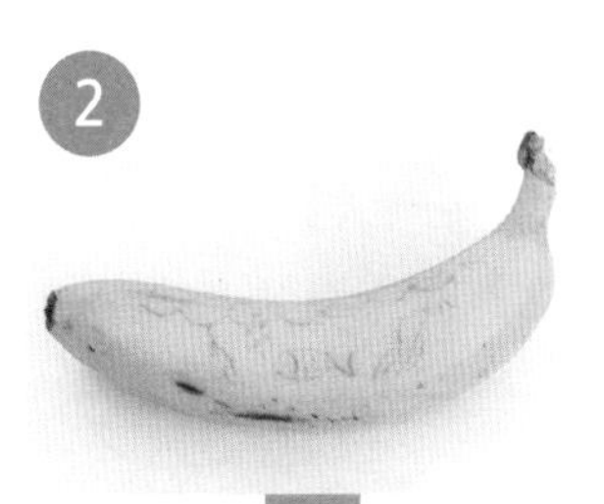

画完之后，放置30~60 分钟。

3

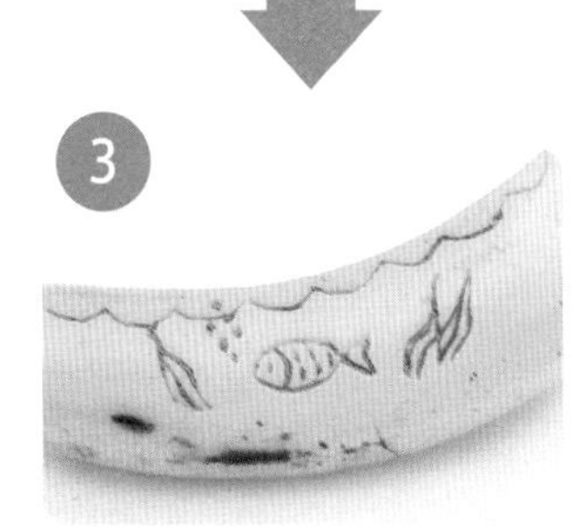

画出的图案变黑，在香蕉上显现出来，“艺术香蕉”就完成啦！

科学原理真有趣

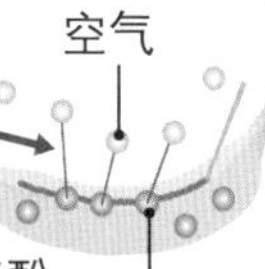

不只是香蕉，很多植物都含有“多酚”这种物质。在接触空气后，多酚会氧化，然后变成褐色或黑色。在实验中，用牙签画过的地方发生变色，就是因为香蕉皮中含有的多酚在接触空气后氧化。

再多了解一些

多酚是存在于大多数植物中的有苦味的、含有色素的成分。苹果和桃子等水果中也含有多酚。

注意事项

“艺术香蕉”上的图案是不能被擦除的！

大家可以试着在香蕉上写下自己的名字哟！

用线轻松切开柔软的食物。

有时，我们需要把泡芙和煮鸡蛋等柔软的食物切成两半，但用刀切开后，食物会变形，甚至变碎。这时，利用线从不同方向施加相等的压力就可以解决问题了。

需要准备的物品

- 需要切开的柔软的食物
- 干净的线

也可以用来切这些食物

三明治

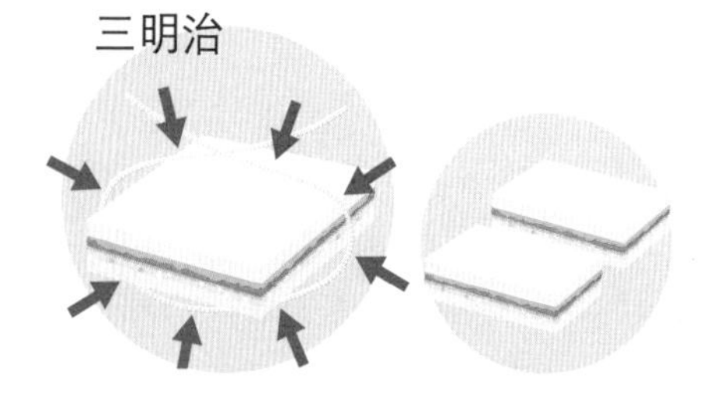

煮鸡蛋

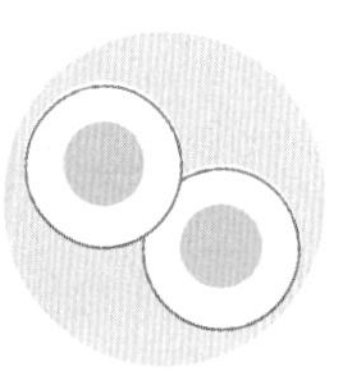

实验步骤

把线放在需要切开的柔软的食物下面，然后向上绕一圈，使线交叉。

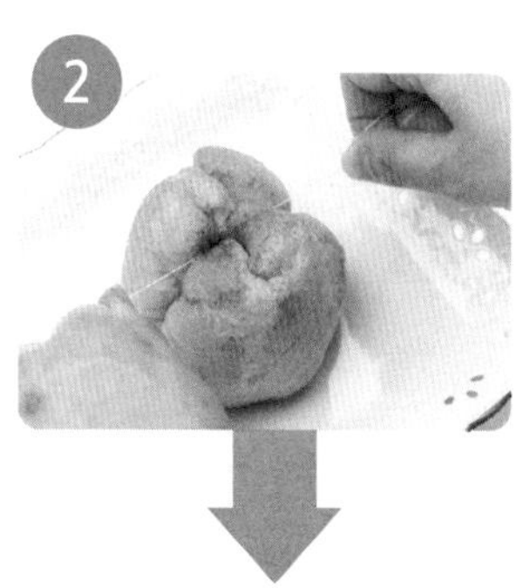

两只手分别拽住交叉在一起的线的两端，稍微用力拉扯。

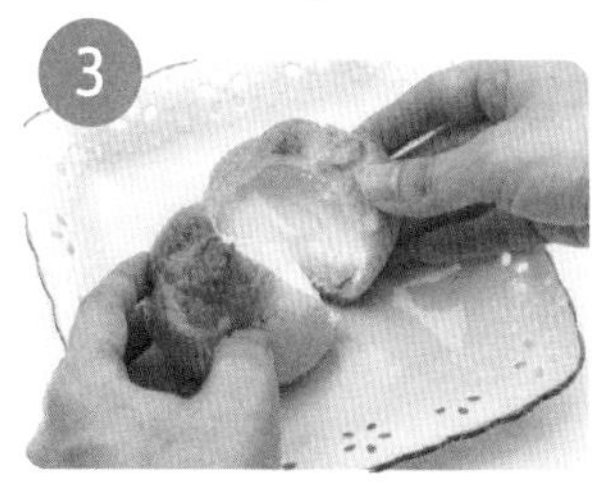

把线拉扯到底，柔软的食物就会被切成完整的两块。

科学原理真有趣

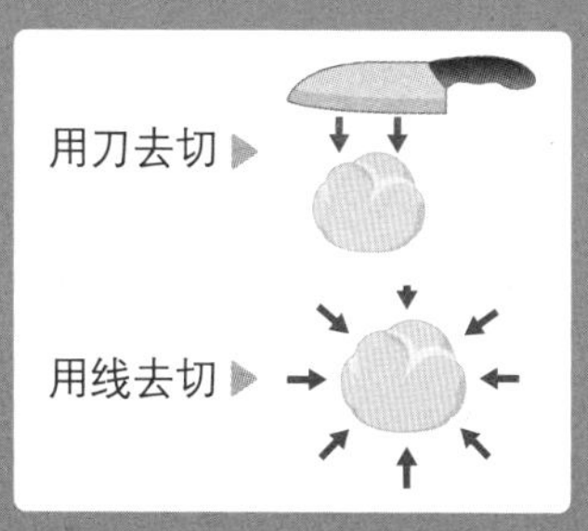

用线绕柔软的食物一圈然后拉扯，就能将其轻松切开，是因为从各个方向 360° 对食物施加了均等的压力。而用刀切时，是从一个方向按压着去切，压力不均，柔软的食物就很容易被切碎。

再多了解一些

压力是指发生在两个物体的接触表面的作用力。压力的方向垂直于接触面并指向被压物体。

使用的线越细，压力就越集中，切开食物就越容易。大家可以尝试使用不同粗细的线去切食物，感受一下区别。

特别说明

在用力拉扯交叉在一起的线时，柔软的食物可能会有些变形，这时不要停，坚持一口气拉到底。

用铝箔就可以轻松削掉土豆皮

土豆圆滚滚的，而且表面坑坑洼洼，用刀或削皮器削皮不太容易。把铝箔揉成团就可以轻轻松松地削掉土豆皮啦！

需要准备的物品

- 土豆
- 铝箔
- 盆
- 水

也可以削这些食物的皮

牛蒡

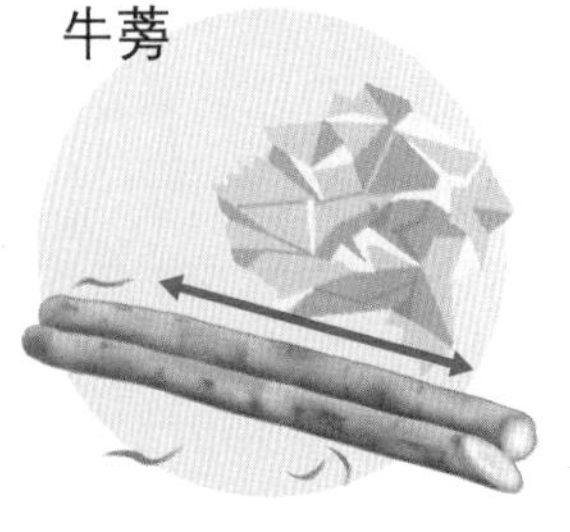

胡萝卜

特别说明

土豆表面长芽的地方用末端细长的铝箔就能轻松削掉。土豆芽含有一种叫作龙葵素的毒素，必须处理干净。

实验步骤

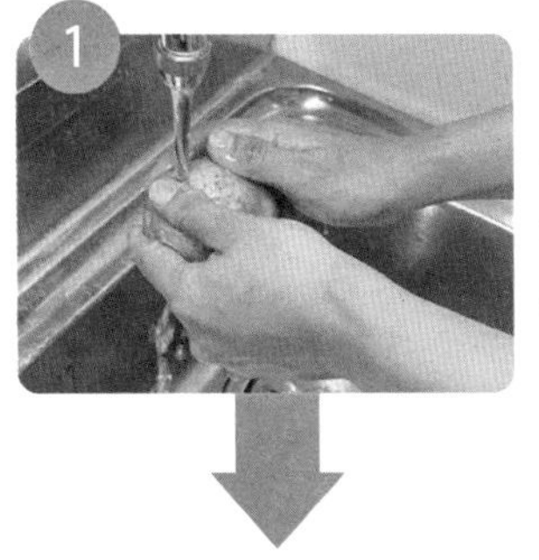

首先，用水冲洗土豆，把附着在表面的泥土洗掉。

剪下长约 15~20 厘米的铝箔，然后揉成一团。

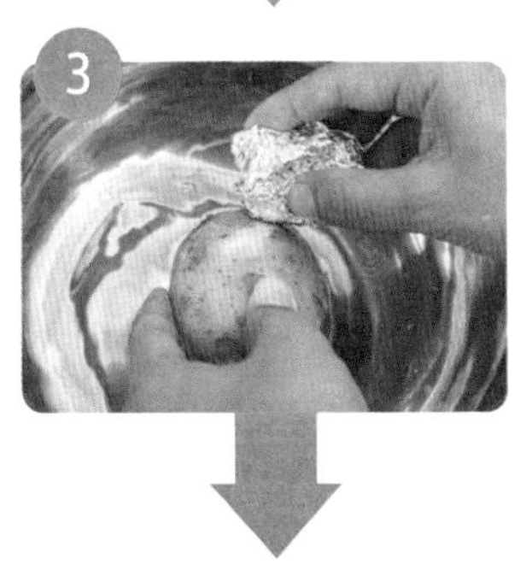

使土豆表面沾上水，然后用步骤❷中的铝箔去摩擦土豆的表面。

土豆皮就被轻松地削掉啦！

科学原理真有趣

铝箔被揉成一团后会形成很多细小的凸起，就像是洗碗用的钢丝球，所以可以轻松削掉土豆皮。

再多了解一些

铝箔是把铝碾压到厚 0.006~0.2 毫米后制作而成的。它的一面很有光泽，另一面相对较暗淡。不过，两面的削皮能力是一样的。

铝箔比土豆等食物的表皮更硬，因此可以用来削皮。

水可以让我们在切洋葱时不流泪。

烹饪

清洁

洗衣服

其他

切洋葱时，我们会被洋葱刺激得流泪。为避免流泪，可以把洋葱放在水中浸泡一段时间再切。

需要准备的物品

- 洋葱
- 水
- 盆
- 切菜板
- 菜刀

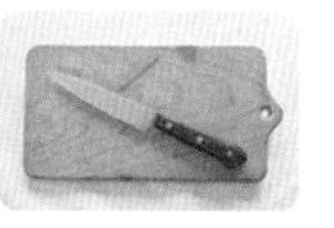

也可以尝试下面这些方法

把洋葱放到冰箱里冷藏 30 分钟左右。

在成人的帮助下放到微波炉中加热。

剥掉表皮，把功率调至 600 瓦左右，加热 2 分钟。

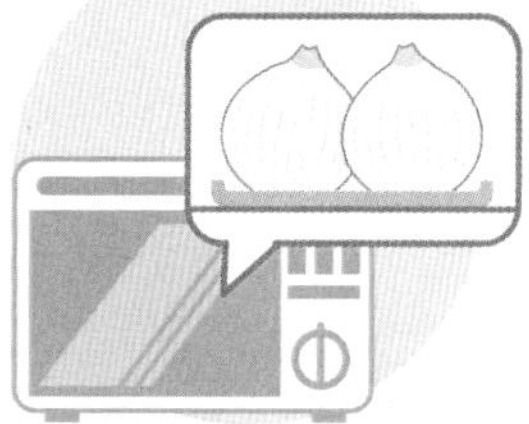

注意事项

用刀切洋葱时一定要注意，不要切到手！

实验步骤

剥掉洋葱的表皮，从上向下切成两半。

把步骤①中的洋葱放到水中，浸泡10分钟左右。

把洋葱从水中拿出来，切成想要的形状。

特别说明

浸泡的时间不要超过10分钟。如果浸泡时间过长，洋葱就会变形变味。

科学原理真有趣

切洋葱时会流泪，是因为切开的洋葱接触到空气，产生烯丙基硫化合物，这种物质会刺激眼睛和鼻子。

再多了解一些

大蒜中也含有烯丙基硫化合物。

烯丙基硫化合物不仅会刺激眼睛，也会刺激鼻子。切洋葱时，鼻子也会感到难受，就是因为这个原因。

利用马克杯可以同时制作生熟程度不同的煮鸡蛋

烹饪 清洁 洗衣服 其他

我们可以用马克杯在一个锅里同时制作一个半熟煮鸡蛋和一个全熟煮鸡蛋。

需要准备的物品

- 生鸡蛋 2 个
- 马克杯 • 锅
- 水 • 燃气灶

关于煮鸡蛋的其他小窍门

轻松剥壳 ▸参见 p.46~48

用线切开 ▸参见 p.6~7

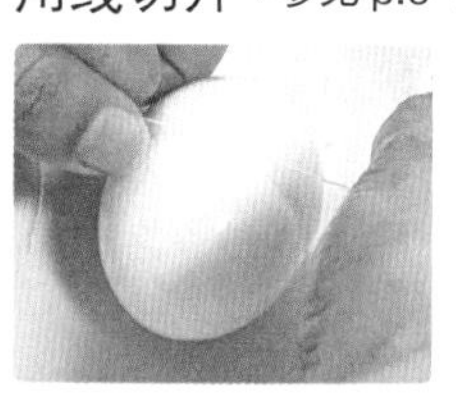

注意事项

可以冷水放入鸡蛋，也可以沸水放入鸡蛋。在放入鸡蛋时，可以使用长柄勺等工具，避免烫伤。

实验步骤

1

把马克杯放到锅中，在杯中和锅中分别倒入适量的水，再把两个鸡蛋分别放到马克杯和锅中。

2

点火，水沸腾后，转中火再煮大约 12 分钟。

3

关火，把煮鸡蛋放到凉水中冷却，剥掉鸡蛋壳。

4

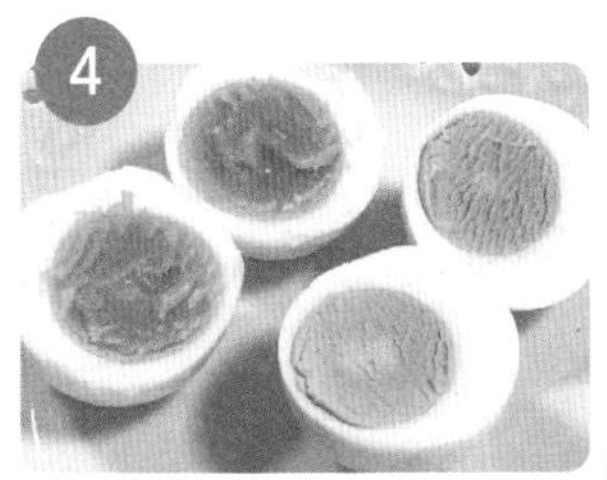

马克杯中的煮鸡蛋（左侧）是半熟状态，直接放到锅中的煮鸡蛋（右侧）接近全熟。

科学原理真有趣

马克杯和锅的热导率不同，因此可以同时制作生熟程度不同的煮鸡蛋。马克杯的热导率比锅低，热量较难进入鸡蛋内部，所以同样时间做出的就是半熟鸡蛋。

再多了解一些

热导率（参见 p.19，p.21）是指热传导能力强弱的数值。铁的热导率大约为 60，铝大约为 237，陶瓷只有 1.22。

在这个实验中，最重要的是创造出不同热导率的环境。做实验时，要注意调节水量，马克杯不能被热水完全淹没。

在鱼上挤点儿柠檬汁，烤鱼时鱼皮就不会粘在烤鱼网上了。

烹饪

清洁

洗衣服

其他

烤鱼很好吃，不过有时候鱼皮会粘在烤鱼网上，很难清理。我们只需运用一个小窍门，就能避免在烤鱼时出现上面的情况。

需要准备的物品

- 鱼
- 柠檬
- 厨房用纸
- 烤鱼网

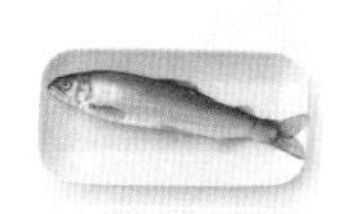

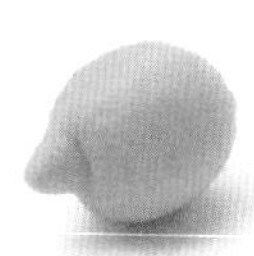

也可以使用这些工具

烤肉网

平底锅

注意事项

在使用烤鱼网时，身边要有成人帮忙！

实验步骤

1

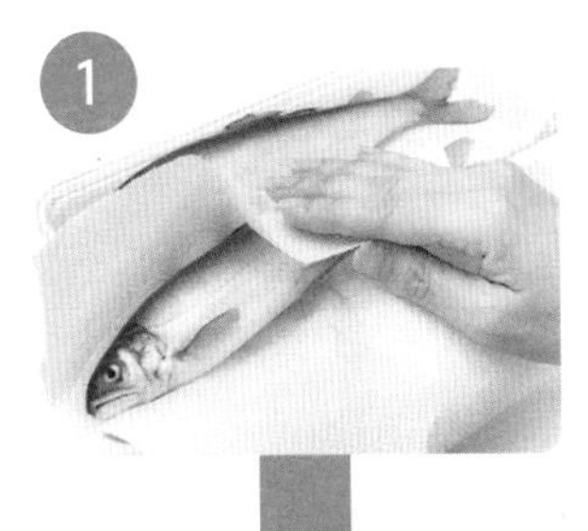

用厨房用纸把鱼表面的水分擦干。

2

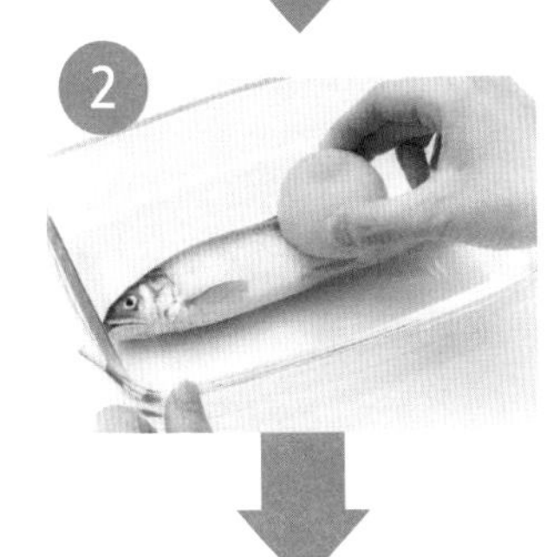

切开柠檬，把柠檬汁涂抹在鱼的表面。

3

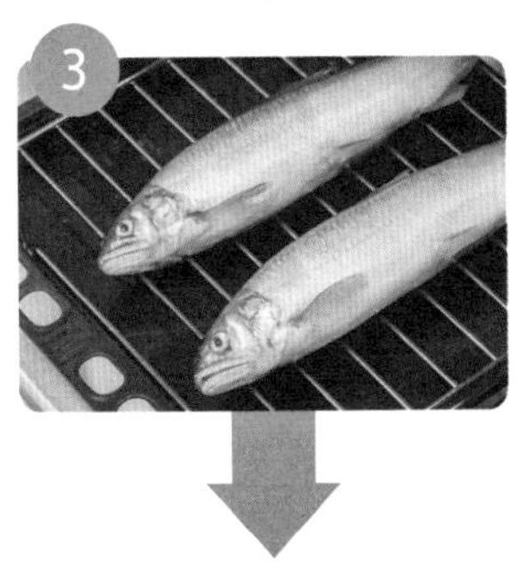

先把烤鱼网预热，然后把步骤❷中的鱼放在烤鱼网上，在高温状态下烤制。

4

这样，鱼皮就不会粘在烤鱼网上，鱼烤好后就可以完整地取走啦！

科学原理真有趣

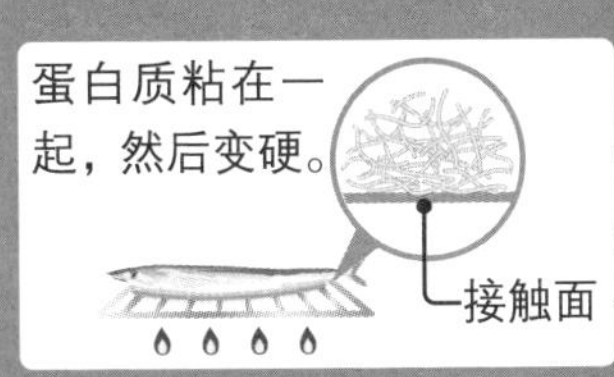

鱼皮很容易粘在烤鱼网上，是因为鱼肉中的蛋白质在受热后发生变化，容易粘在金属上，这种现象叫作热黏附。而柠檬中含有的柠檬酸具有使蛋白质凝固的作用，如果在烤鱼之前在鱼的表面涂上柠檬汁，鱼皮中的蛋白质就不会发生热黏附了。

再多了解一些

热黏附是指肉和鱼等动物性蛋白质在加热后分解，然后和金属发生作用，黏附在一起的现象。

关于鱼皮在涂上柠檬汁以后就很难粘在金属网上的原理，现在仍有一些没有被完全解释清楚的地方，等待大家去探索。

利用小苏打的力量，使墨鱼干变成新鲜饱满的生墨鱼的状态。

墨鱼干可以长期保存，还可以做成零食。在干燥状态下，墨鱼干会变得很硬。如果用小苏打进行浸泡，墨鱼干就会变得像生墨鱼一样新鲜、饱满、柔软，可以用来做更多美食。

需要准备的物品

- 墨鱼干
- 平盘等
- 勺子
- 水 1 升
- 小苏打一大勺

注意事项

小苏打必须是“食用小苏打”。

也可以用墨鱼来做这些菜

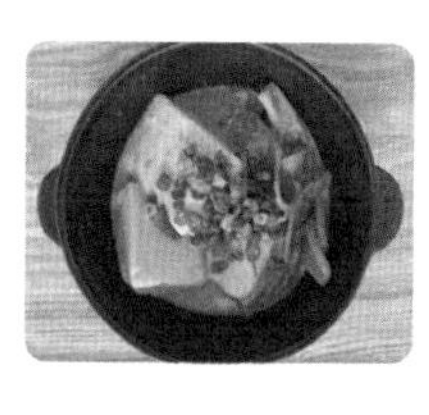

墨鱼干炖豆腐

在墨鱼干的浸泡汁中加入酱油、酒、砂糖并搅拌，放入豆腐和下一页中的步骤③的墨鱼，一起炖煮 5~10 分钟。

腌渍烤墨鱼

把步骤③的墨鱼烤熟，然后加上蛋黄酱等佐料，就可以品尝啦！

因为墨鱼中残留有小苏打，在炖煮的过程中会产生气泡，请大家注意，要防止溢锅。最开始出现的泡沫是杂质，最好把它们撇出来。在炖煮过程中浓汁变得浑浊后出现的气泡是豆腐释放出的物质，因此不需要撇出。

实验步骤

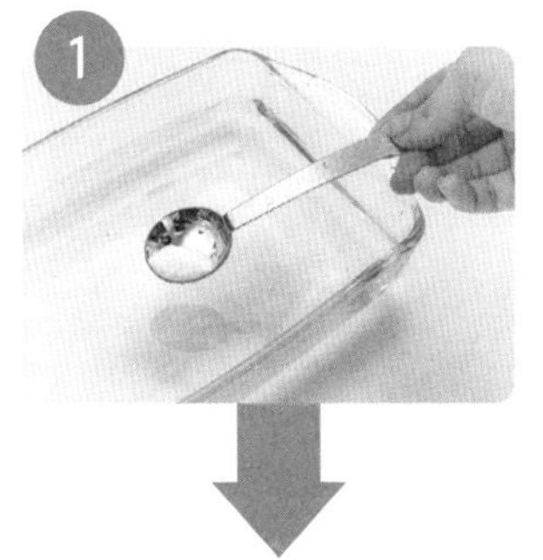

在盘中倒入水，溶解小苏打，制作小苏打溶液。

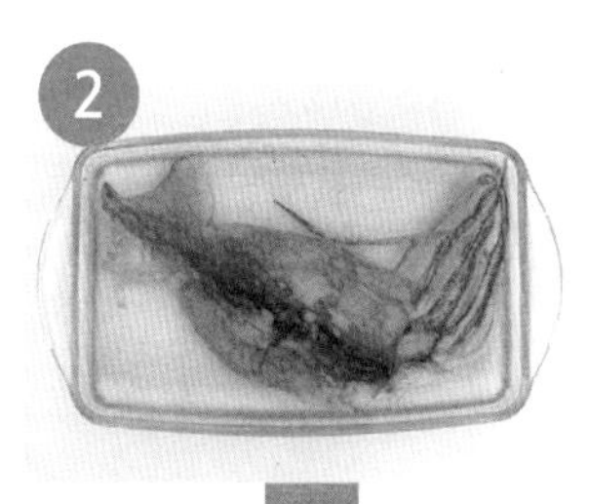

把墨鱼干放入步骤❶的小苏打溶液中，浸泡一晚。

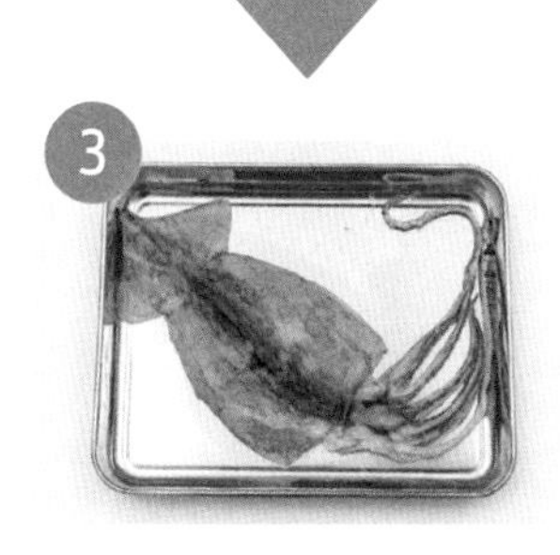

第二天，墨鱼干就会变得像生墨鱼一样新鲜柔软。

科学原理真有趣

小苏打溶液 蛋白质 水分

分解

小苏打溶解在水中后，溶液会呈现弱碱性。小苏打溶液中的碱性成分可以分解蛋白质，使其更容易吸收水分，因此墨鱼干会变得柔软。

再多了解一些

小苏打的化学成分是碳酸氢钠。碳酸氢钠溶解在水中后具有分解动物性蛋白质和植物性蛋白质的功能。因此，利用小苏打不仅可以使肉类变得柔软，还可以去除野菜中的杂质。

特别说明

利用调料和水浸泡，也可以使墨鱼干变软。不过，如果想要使墨鱼干变得新鲜饱满，就要使用小苏打。

小苏打的使用量越多，墨鱼干就会变得越柔软。不过，使用过多就会导致墨鱼干变苦，所以要注意用量。

用铝锅挤压冷冻的食材，就能快速解冻。

烹饪

清洁

洗衣服

其他

因为冷冻而变得硬邦邦的食材，在解冻时需要花费很长时间。有很多方法可以快速解冻，这里向大家介绍用两个铝锅就能完成的简单快速的解冻方法。

需要准备的物品

- 铝锅 2 个
- 需要解冻的食材
- 水
- 毛巾

特别说明

其中一个铝锅也可以用铝质的锅盖来代替！

也可以用这些工具来代替铝锅

铝质托盘

铝质饭盒

注意事项

食材不接触铝锅就没有解冻效果。因此，要把食材从原来的容器中取出再做实验。

实验步骤

准备两个铝锅，在其中一个铝锅中加些清水。

把没有装水的铝锅倒扣于铺了毛巾（用于固定铝锅）的桌面上，把食材放在铝锅上面。

在步骤2中的食材上放置加了水的铝锅。

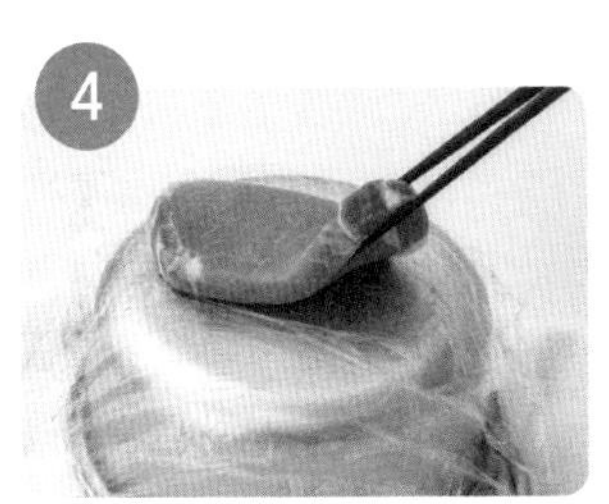

10~30 分钟左右，解冻完成啦！

※ 食材的厚度不同，解冻时间会不一样。

科学原理真有趣

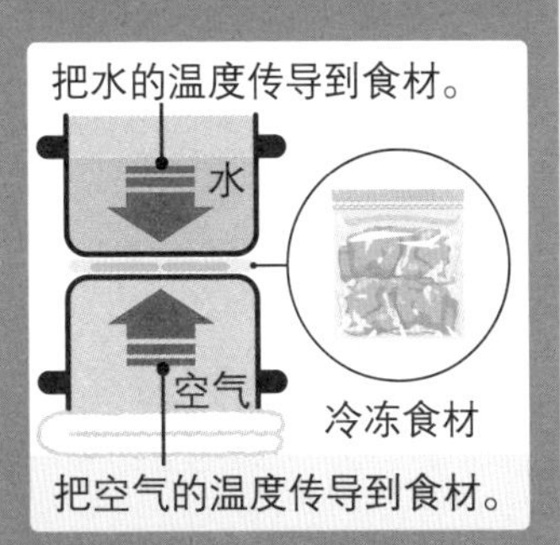

热量具有从温度高的地方向温度低的地方传递的性质。在这个实验中，铝锅中的水和空气会将热量通过铝传递给食材，从而加速解冻。热导率（参见 p.13，p.21）是用来表示导热性能的数值。铝、铜等金属的热导率很高，可以更快地解冻食材。

按照固体 > 液体 > 气体的顺序，热导率依次降低。因此，触摸 90 摄氏度的热水（液体）就会被烫伤，但在 90 摄氏度的桑拿房（空气 = 气体）中就不会被烫伤。

在极短的时间内制冰的绝招。

在炎热的夏天，我们会需要很多冰块，但有时打开冰箱会发现冰块已经用完了。这时，可以尝试使用铝杯来快速制冰。

需要准备的物品

- 铝杯
- 水
- 铝质平盘
- 冰箱冷冻室
- 塑料冰格

也可以尝试用其他容器制冰

硅胶模具

纸杯

还可以使用陶器和玻璃容器等可以冷冻的容器来制冰。

实验步骤

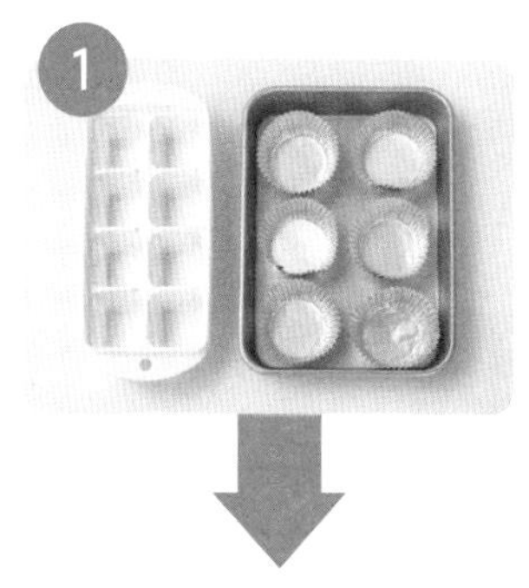

1 在平盘中放入铝质水杯。

※为了对比制冰速度，大家可以同时准备塑料冰格进行实验。

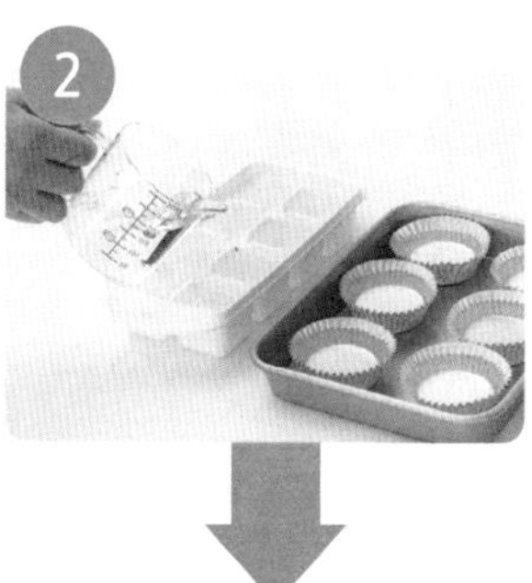

2 在容器中分别加入同样多的水。

※为了对比制冰速度，加入的水量要一样。

3 把步骤❷中的容器放入冰箱冷冻室，等待30分钟左右。

4 观察发现，塑料冰格中的水还是液态，而铝杯中的水已经变成了冰。

科学原理真有趣

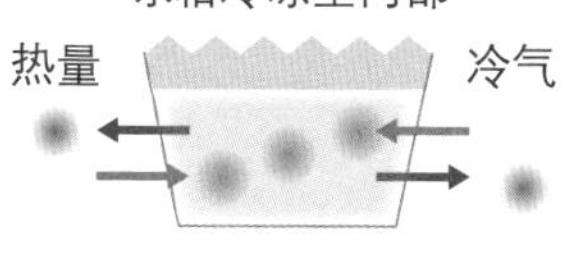

铝很容易传递热量（周围的温度）。因此，相比塑料容器，冰箱冷冻室中的温度会更快地传递到铝杯的水中，使水能够快速冷冻成冰。

再多了解一些

热导率（参见p.13，p.19）是用来表示导热性能的数值。不同材料的热导率不一样，铝的热导率大约是塑料的2000倍。

如果把从冰箱的冷冻室中取出的冰放在铝杯中，它融化的速度也会很快。

利用盐的特性，可以使瓶子中变硬结块的胡椒粉散开。

做饭时，我们会使用胡椒粉调味。不过，有时胡椒粉会在瓶子中结块，没法倒出来。这时，利用盐的特性就能使变硬结块的胡椒粉散开。

需要准备的物品

- 变硬结块的胡椒粉
- 盐
- 勺子

使用胡椒粉的注意事项

用完把盖子拧紧。

不能直接接触高温物品。

可以把胡椒粉倒入小盘子。

注意事项

胡椒粉变硬结块的原因是瓶子里面有湿气。如果在做饭的过程中，或者在刚做好的饭菜上方倒胡椒粉，水汽就会进入瓶子，胡椒粉就会因为吸收湿气而结块。

实验步骤

1

在装胡椒粉的瓶子中加入少量盐。

2

把瓶盖拧紧，摇晃 30 秒左右，观察胡椒粉的情况。如果还是处于结块的状态，就再加入少量盐，继续摇一摇。

3

瓶子中的胡椒粉散开啦!

4

在恢复松散状态之后，可以把它当作“加盐胡椒粉”使用。

科学原理真有趣

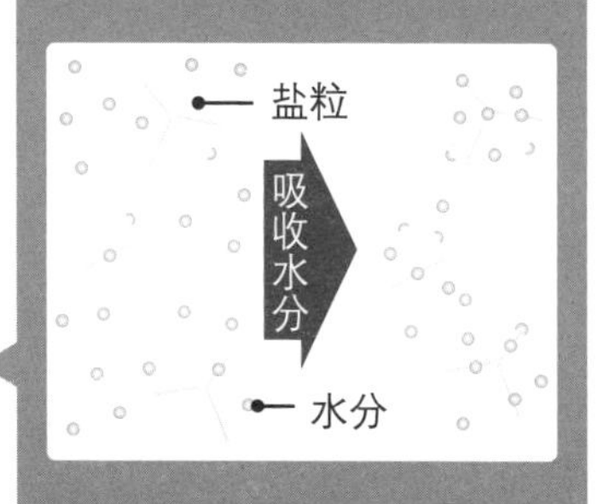

盐具有吸收湿气的性质。在变硬结块的胡椒粉里加入盐，然后充分摇晃瓶子，盐就会吸收使胡椒粉结块的湿气，胡椒粉就会恢复松散的状态。

再多了解一些

如果把盐长期放置在湿气很重的地方，盐也会变硬结块。

除了盐，我们还可以在装胡椒粉的瓶子中放入生米粒，来恢复胡椒粉的松散状态。

让结结块的砂糖快速恢复松散。

烹饪

清洁

洗衣服

其他

在做饭和制作点心时，我们会用到砂糖。但有时，砂糖会凝固结块，影响使用。砂糖凝固结块的原因有两种，一种是过于潮湿，一种是过于干燥。

需要准备的物品

干燥的地方

- 结块的砂糖
- 厨房用纸
- 水

潮湿的地方

- 结块的砂糖
- 耐热容器
- 微波炉

砂糖结块的原因

干燥
➡绵白糖

潮湿
➡细砂糖

不同种类的砂糖，结块的原因也不一样。

注意事项

用微波炉加热后的容器会变得很烫，注意要避免烫伤。

因为干燥而结块

1 把厨房用纸浸湿，拧掉多余水分，摊开覆盖在放入结块的砂糖的容器口上，静置 1 小时左右。

2 把厨房用纸拿掉，用汤勺等工具按压砂糖表面，结块的砂糖就会恢复松散的状态。

因为潮湿而结块

1 把结块的砂糖放入耐热容器，再放进微波炉。将微波炉设置到 600 瓦，加热 30 秒左右。

2 把耐热容器从微波炉中取出，用汤勺等工具按压砂糖表面。如果仍然无法散开，就再加热 30 秒左右。

科学原理真有趣

以白砂糖为例，砂糖结晶周围被糖液包裹着。在变得干燥后，糖液中的水分蒸发，变成小结晶，小结晶之间相互接触会形成晶桥，从而黏结在一起，形成大的团块。因此，补充水分，就会使糖液恢复到原来的状态，砂糖也会恢复松散。

再多了解一些

糖液是由葡萄糖和果糖构成的液体。

如果砂糖是因为干燥而结块，大家也可以通过喷洒水雾来添加水分，使砂糖变得松软。

一起来制作便于保存和携带的“方便米饭”吧！

烹饪 清洁 洗衣服 其他

大家吃过“方便米饭”吗？它是一种方便保存、非常适合应急的便利食品，在家里也可以制作。让我们来挑战一下吧！

需要准备的物品

- 煮好的米饭
- 吸油纸
- 滤网
- 烤箱
- 食品保鲜袋
- 长筷子

方便米饭的各种食用方法

烩饭型方便米饭

在 100 克方便米饭中加入 200 毫升蔬菜汁和半个肉汤调味块，搅拌均匀，然后放置 90 分钟左右。

*照片显示的是分别添加了金枪鱼（左侧）和牛肉罐头（右侧）的方便米饭。

注意事项

理论上，方便米饭可以保存5年。不过，自制的方便米饭最好还是尽快吃完。

实验步骤

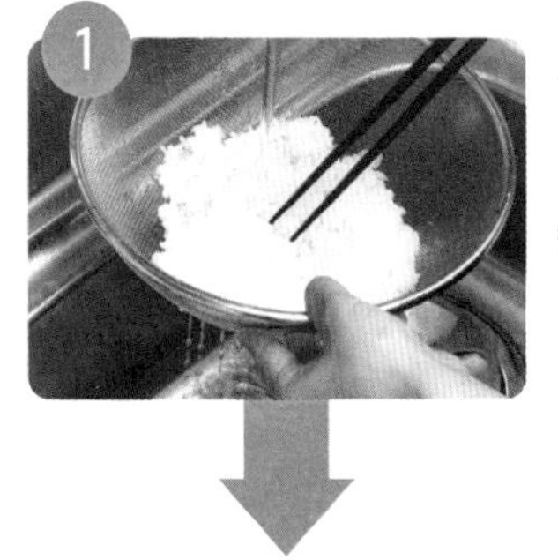

米饭蒸好后用水冲洗一下，去除黏性。

把步骤❶中的米饭平铺在吸油纸上放进烤箱。将烤箱设置在100~110摄氏度。

加热100分钟以上。加热过程中可以多次打开烤箱搅拌米饭，直到米饭变得干燥。

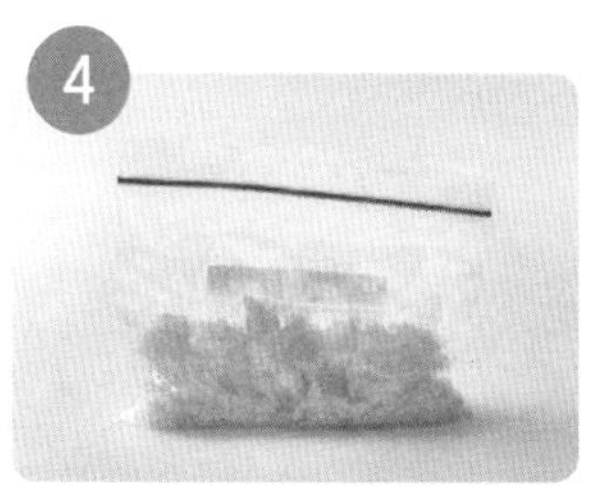

等干燥米饭冷却后，放入可以密封的食品保鲜袋中，排出空气后保存。

科学原理真有趣

①生米

β－淀粉
很难消化

加入水，进行加热。

②蒸好的米饭

α－淀粉
容易消化

急速干燥。

③方便米饭

保持α－淀粉的状态

蒸好的米饭冷却后，米粒中的α－淀粉就会变成β－淀粉，变得很难消化。不过，如果对刚煮好的米饭进行急速干燥，它就可以保持α－淀粉的状态，容易消化。因此，步骤③中制作的方便米饭可以保持容易消化的状态，并且可以长期保存。

如果方便米饭中有水分残留，就会产生霉菌，因此大家一定要对米饭进行充分干燥。

报纸大显身手！延长蔬菜保存时间的小窍门。

烹饪

清洁

洗衣服

其他

大家买回来的蔬菜是直接放进冰箱吗？如果用报纸包裹蔬菜再进行保存，就能使蔬菜长期保持新鲜状态。接下来会针对不同的蔬菜，分别介绍适合的保存方法。

需要准备的物品

- 需要保存的蔬菜
- 报纸
- 塑料袋
- 冰箱

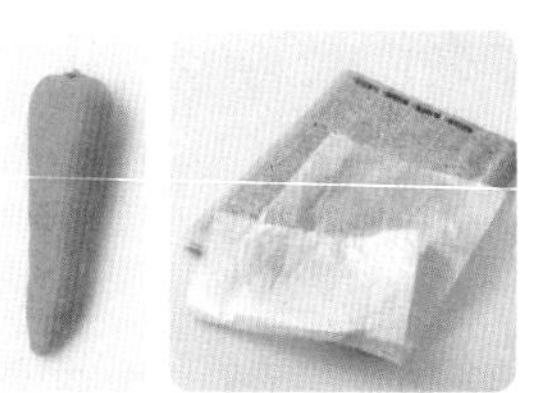

保存时的要点

每隔 2 ~ 3 天更换一次报纸。

可以用厨房用纸代替报纸。

注意事项

这里介绍的是针对没有切开的蔬菜的保存方法。

胡萝卜的保存方法

用报纸分别包裹每一根胡萝卜，然后放进冰箱的冷藏室或蔬菜保存室。

土豆的保存方法

用报纸分别包裹每一个土豆，放到阴暗处（通风条件良好、没有阳光照射的阴凉处）进行保存。

葱的保存方法

用报纸包裹葱，夏天时放进冰箱的冷藏室或蔬菜保存室，其他季节可以放在阴暗处进行保存。

菠菜的保存方法

用稍微沾湿的报纸包裹菠菜，套上塑料袋，然后放进冰箱的冷藏室或蔬菜保存室。

科学原理真有趣

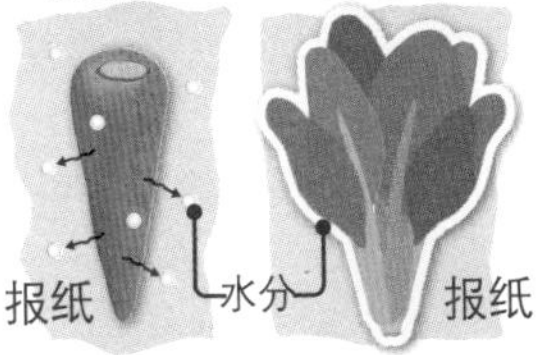

在湿度大的地方，报纸可以吸湿；而在湿度小的地方，报纸可以向外排出水分。因此，如果是胡萝卜和土豆等不耐潮湿的蔬菜，可以用报纸包裹，吸收多余的水分；如果是菠菜等不耐干燥的蔬菜，可以用沾湿的报纸包裹，保持蔬菜中的水分。

要长期保存蔬菜，最重要的是把各种蔬菜分别保存在温度和湿度都合适的环境中。

把香蕉放入塑料袋，就可以长期保存。

烹饪

清洁

洗衣服

其他

我们想吃香蕉时经常会发现香蕉皮已经变黑了，里面也变得很软。为了长期保存香蕉，可以尝试把香蕉分开，每一根都分别保存。

需要准备的物品

- 香蕉
- 塑料袋

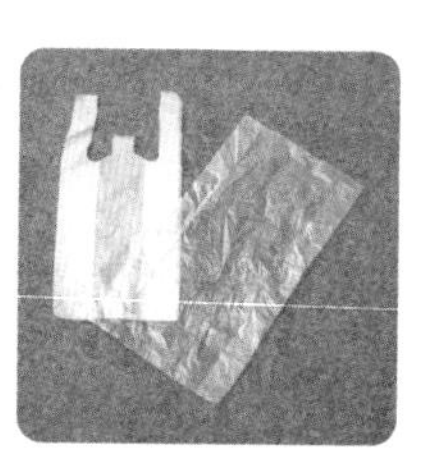

还有其他保存方法

14~20 摄氏度常温下

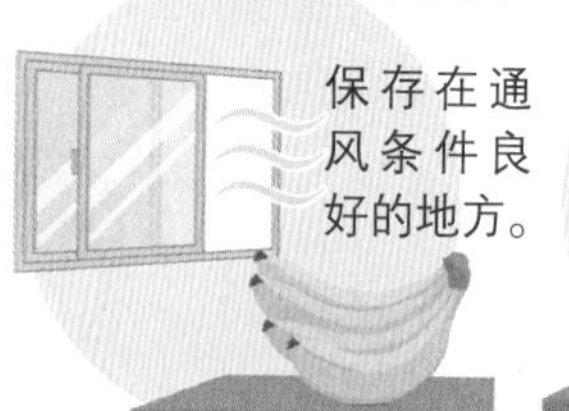

朝下放置

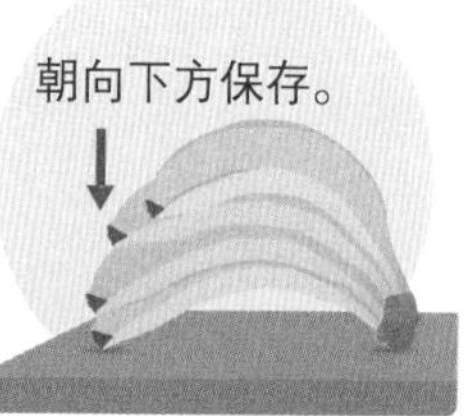

把香蕉分开，用保鲜膜包裹每一根香蕉的根部。

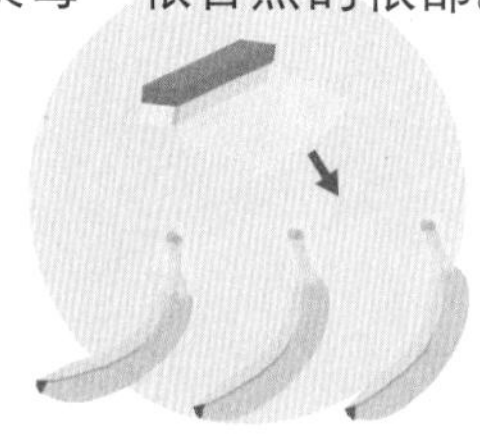

实验步骤

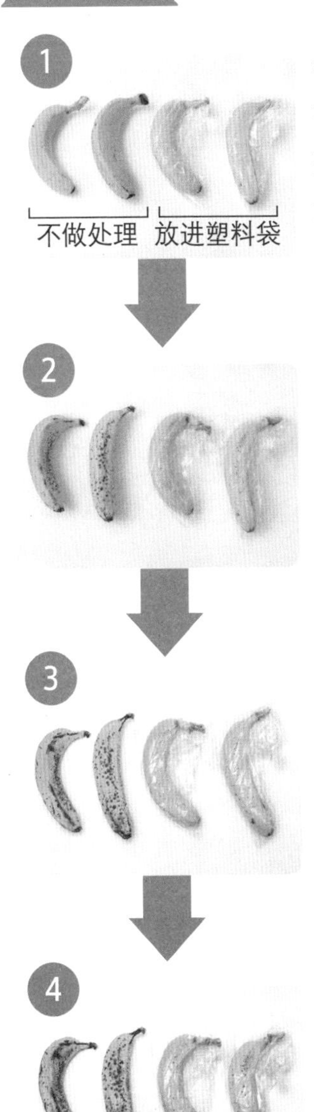

1. 把香蕉的根部切掉，把每一根香蕉分别放进塑料袋，然后把塑料袋的口系紧，放在常温下保存。

2. 3 天后。

   ※ 进行实验时，（一周时间）每天的平均气温是 20 摄氏度左右。

3. 5 天后。

4. 一周后，没有放进塑料袋的香蕉（左边的两根）和放进塑料袋的香蕉（右边的两根）外观呈现出很大差异。

科学原理真有趣

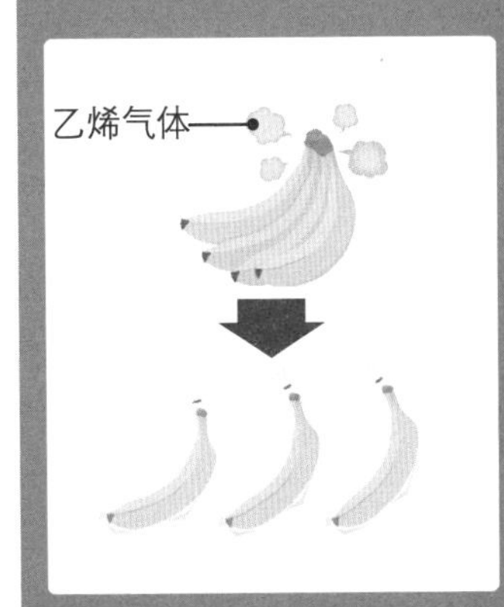

香蕉会产生乙烯气体，这种物质有催熟作用。因此，香蕉从树上摘下来后，甜度会逐渐增加，果肉也会逐渐变软。香蕉很容易受到其他香蕉释放出的乙烯气体的影响。因此，大家需要把香蕉分开，每根都分别放进塑料袋。这样可以延缓香蕉的成熟速度，达到长期保存的目的。

香蕉不耐寒，因此，把香蕉放进冰箱的蔬菜保存室，它就很难成熟，从而可以长期保存。

只需沾上蜂蜜水，就可以保持削皮苹果原本的颜色。

烹饪

清洁

洗衣服

其他

苹果在削皮后，很快就会变成褐色。这时，只要把削皮苹果沾上蜂蜜水，就可以防止变色了。

需要准备的物品

- 苹果
- 水
- 碗
- 蜂蜜
- 勺子

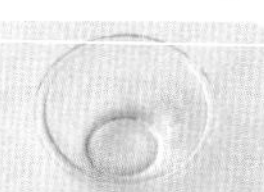

也可以用来防止其他水果变色

梨

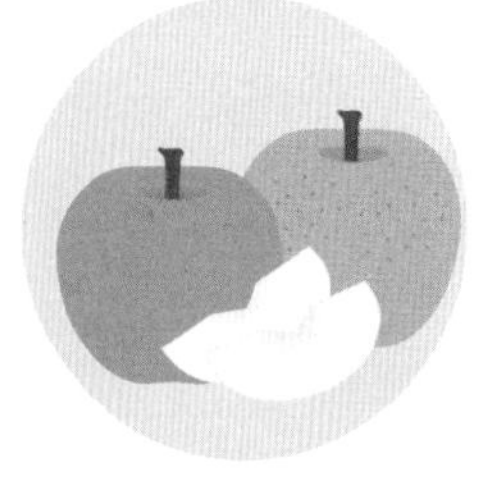

桃子

注意事项

未满一岁的婴儿不能吃蜂蜜！

实验步骤

1

在 500 克水中加入 100 克蜂蜜。水和蜂蜜的比例大约为 5 ： 1。

2

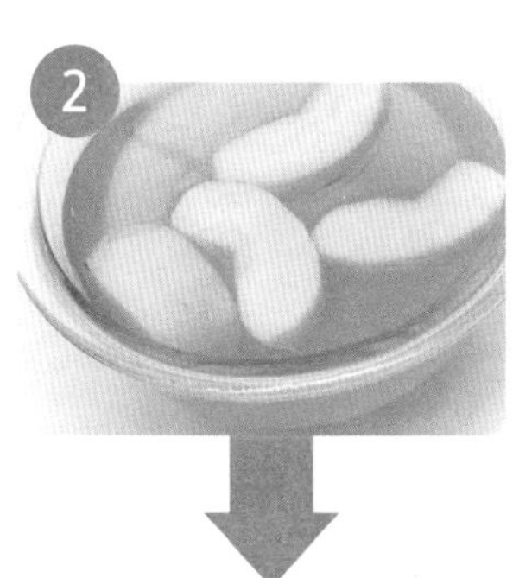

把苹果切开，浸泡在蜂蜜水中 2~3 分钟。

3

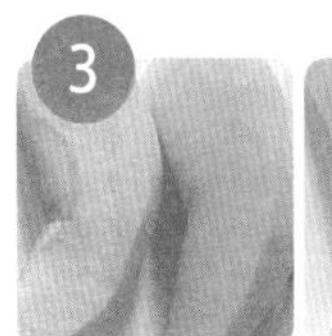

未处理的苹果

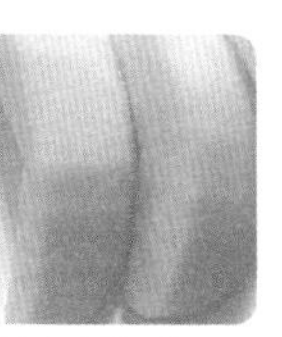

泡过蜂蜜水的苹果

将泡过蜂蜜水的苹果和没有做任何处理的苹果进行对比，形成对照实验。

4

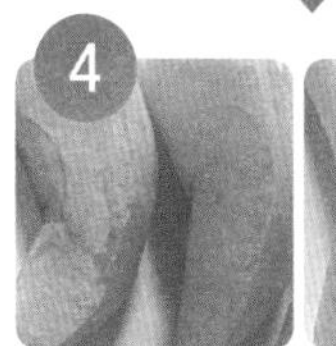

颜色变深

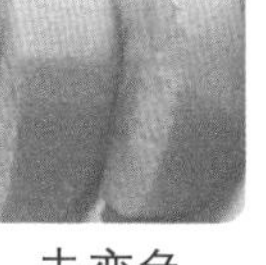

未变色

6 小时后，泡过蜂蜜水的苹果没有变色，还是很新鲜。

科学原理真有趣

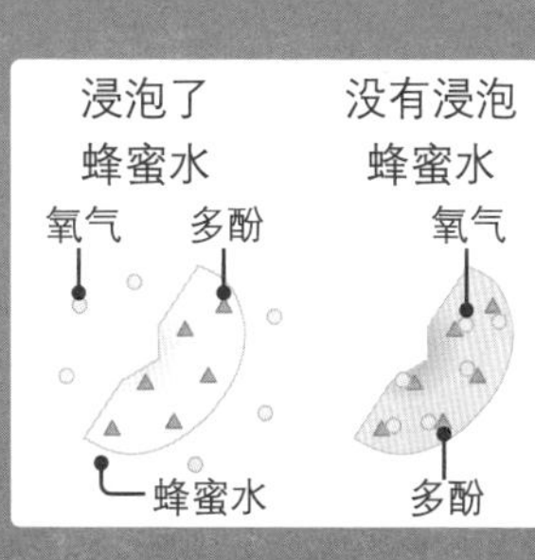

苹果变色，是因为苹果中含有的多酚（参见 p.5）在接触到氧气后，发生了氧化反应。蜂蜜中含有的抗氧化成分可以防止苹果发生氧化反应。

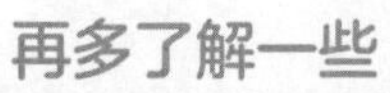

再多了解一些

氧化是指某种物质和空气中的氧气结合，变成另一种物质。

也可以把削好的苹果沾上盐水和砂糖水。不过，蜂蜜水的黏度更强，可以更好地保护苹果。

只需要用手挤压，就可以制作100%纯果汁。

烹饪

清洁

洗衣服

其他

苹果汁酸甜可口，受到很多人的喜爱。我们可以把苹果放进冰箱，进行冷冻，然后只需要用手挤压，就能轻松制作苹果汁了。快来试一下吧！

需要准备的物品

- 苹果
- 水杯
- 碗
- 冰箱冷冻室
- 塑料手套（看个人需要）

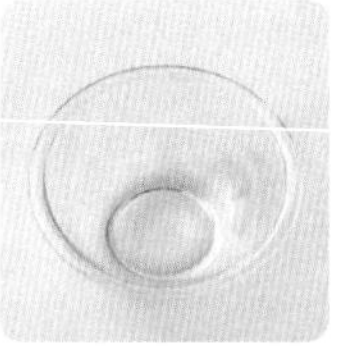

也可以用此方法将这些食物榨成汁

桃子

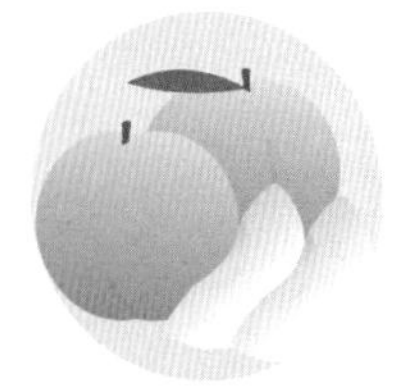

胡萝卜

梨

注意事项

如果挤压时用力过大，果汁就会飞溅出来。

实验步骤

1

把苹果放进冰箱冷冻室，冷冻一整晚。

2

把苹果从冰箱冷冻室取出，在常温下放置 5 小时左右，自然解冻。

3

用手把苹果汁挤压到碗中。

4

把碗里的果汁倒入水杯中，100% 纯果汁就制作完成啦！

科学原理真有趣

水果的细胞中含有很多水分。在冷冻后，水会膨胀，破坏细胞膜。因此，在解冻后，水分就会从被破坏的细胞膜中渗出，我们就可以轻松地挤压出果汁了。

再多了解一些

细胞是构成生物的最小单位。不管是动物还是植物，都是由细胞构成的。细胞膜是把细胞内侧和外侧分隔开的膜。

在这个实验中，我们利用了“水在冰冻后体积变大”这一原理。

维生素会发光？制作不可思议的珍珠饮料。

珍珠饮料既软糯又好喝。我们自己在家也可以制作会发光的珍珠饮料。

需要准备的物品

- 珍珠（干燥状态）
- 维生素 B_2
- 研磨碗
- 研磨棒
- 锅
- 苏打水饮料
- 水杯
- 紫外线灯
- 燃气灶
- 搅拌珍珠饮料的工具（长筷子、长柄勺等）

小贴士

珍珠的原料是一种叫作木薯的木薯属植物。

注意事项

不要用紫外线灯直接对着眼睛照射。

实验步骤

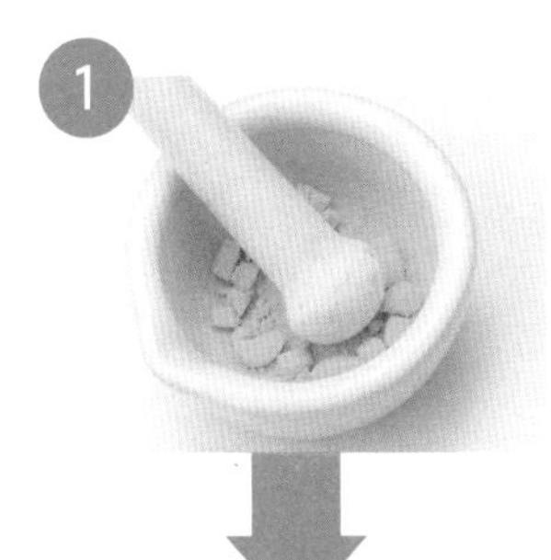

1 利用研磨碗和研磨棒，把维生素 B_2 片剂捣碎。

※ 用量不固定。

2 把干的珍珠和步骤 ❶ 中的物质混合。

※ 照片中显示的是 100 克珍珠加 20 粒维生素 B_2 片剂，可以制作出大约 5 杯步骤 ❹ 中的珍珠饮料。

3 把步骤 ❷ 中的混合物煮 0.5~1 小时（煮的时间请参考食材说明书）。

4 把步骤 ❸ 中的物质倒进滤网中，过滤掉多余水分，然后和苏打水一起倒进水杯。这时，用紫外线灯照射，珍珠饮料就会发光。

科学原理真有趣

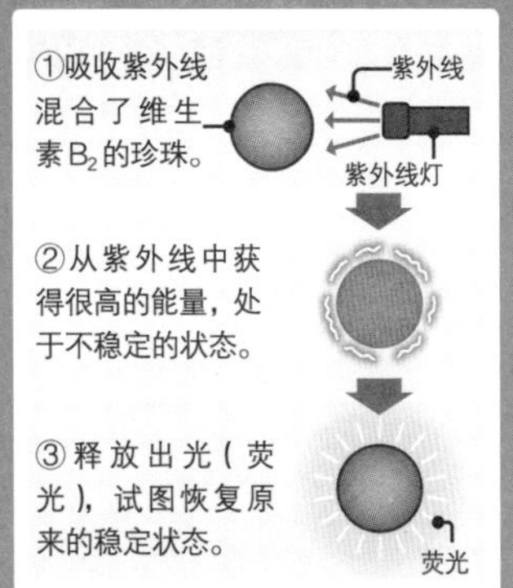

维生素 B_2 可以吸收肉眼无法看到的光（紫外线），然后释放出肉眼可以看到的光。紫外线灯可以释放出紫外线，因此如果用紫外线灯照射混合了维生素 B_2 的珍珠饮料，它就会发光。

另外，还可以尝试用这种方法制作“发光的煎鸡蛋”和“发光的烤饼”。

非常适合夏天！使用琼脂来制作不会融化的冰激凌吧！

冰激凌很好吃，不过在吃的过程中它会融化。实际上，我们可以利用琼脂，制作出在大热天也不会融化的冰激凌。

需要准备的物品

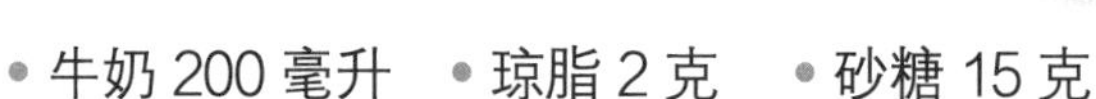

- 牛奶 200 毫升　• 琼脂 2 克　• 砂糖 15 克

- 橘子罐头 100 克（固体物质的重量）　• 锅
- 筷子等　• 长柄勺　• 冰激凌模具

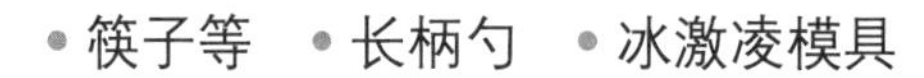

- 燃气灶

也可以在冰激凌中加入这些食物

自己喜欢的水果

粒状红豆（20 克左右）

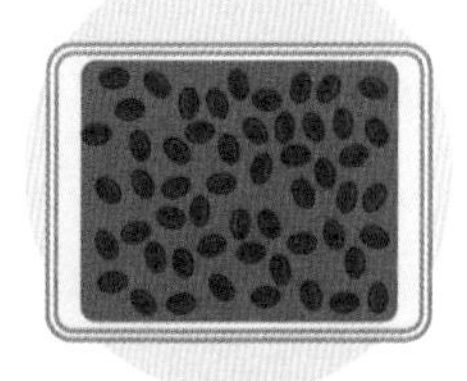

注意事项

要在成人的帮助下使用燃气灶哟！

实验步骤

1

在锅中加入所有原料。为了促进琼脂完全溶解，可以一边用长筷子搅拌，一边把液体加热到沸腾状态。

2

关火，等锅冷却。然后使用长柄勺把液体盛到冰激凌模具中。

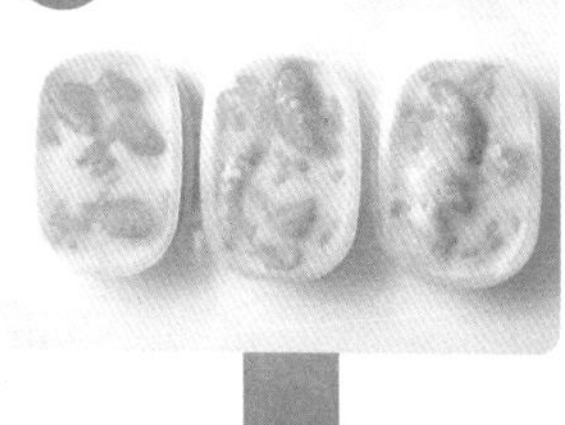

在冰箱冷冻室中冷冻3~4小时。

4

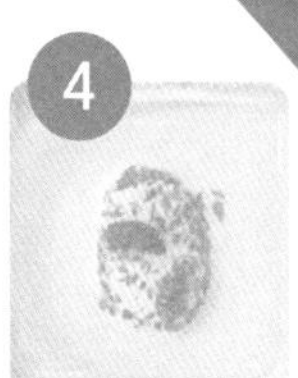

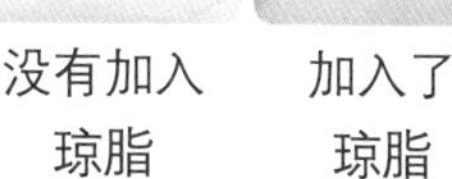

没有加入琼脂　　加入了琼脂

完成啦！照片中显示的是从冰箱冷冻室取出30分钟之后的状态。加入了琼脂的冰激凌（右侧）几乎没有融化。

科学原理真有趣

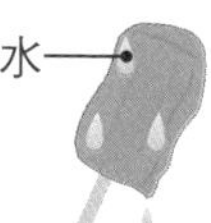

冰激凌是由冰、乳脂、空气形成的气泡等物质构成的。随着温度上升，冰会融化。琼脂呈网状结构，可以把冰封锁在内部。所以，只要琼脂没有融化，冰就不会融化。

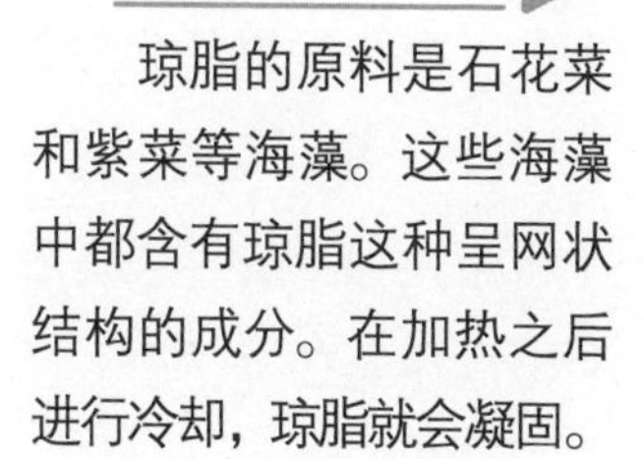

再多了解一些

琼脂的原料是石花菜和紫菜等海藻。这些海藻中都含有琼脂这种呈网状结构的成分。在加热之后进行冷却，琼脂就会凝固。

琼脂的融化温度超过70摄氏度。因此，在很热的天气下，冰激凌也不会融化。

只需摇一摇，就可以用冰和盐来制作冰沙！

烹饪

清洁

洗衣服

其他

只要把冰和盐混合在一起，很快就能制作出好吃的冰沙。这个实验很简单，我们还可以在品尝美食的同时进行研究性学习。

需要准备的物品

- 自己喜欢的果汁 200 毫升
- 盐（两大勺）
- 勺子
- 食品保鲜袋（一个大的，一个小的）
- 冰（大保鲜袋半袋左右）
- 毛巾
- 盛放用器皿

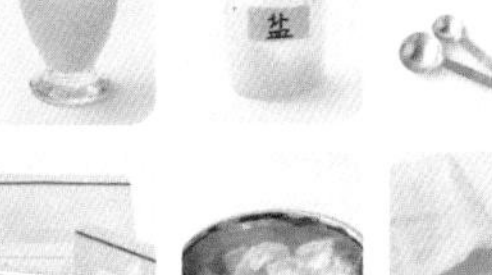

也可以尝试改变冰和盐的用量

只加冰

加冰和 2 倍的盐（四大勺）

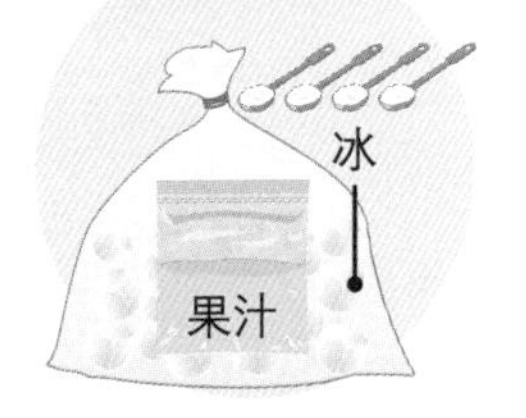

注意事项

含盐的冰温度很低，在制作冰沙时，一定要用毛巾等包裹住放有冰的保鲜袋，以防冻伤。

实验步骤

1

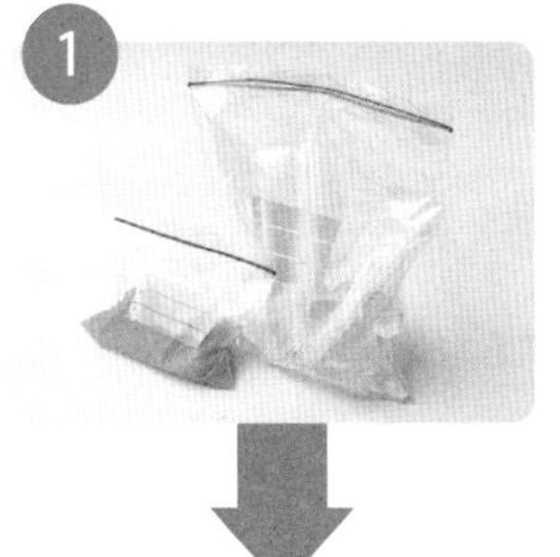

把果汁倒进小保鲜袋中。在大保鲜袋中倒入盐和准备好的冰（一半的量），混合在一起。

2

在大保鲜袋中放入装有果汁的小保鲜袋，以及剩下的冰。

3

把步骤❷中的物品用毛巾包裹，摇晃5分钟左右，直到保鲜袋里面的果汁冰冻。

4

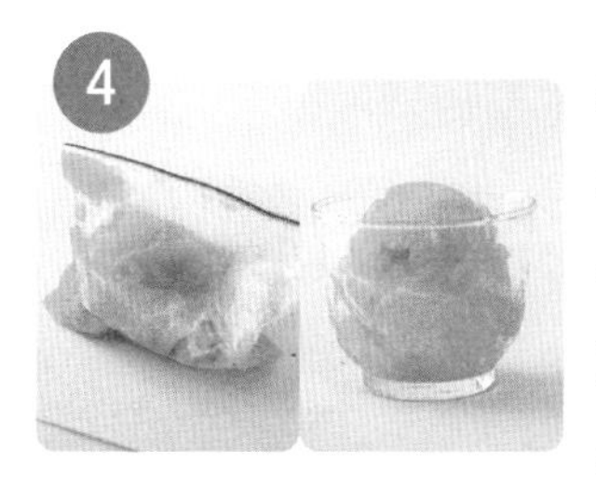

在果汁冰冻后，把装有果汁的小保鲜袋取出，将冰冻果汁倒进容器。

科学原理真有趣

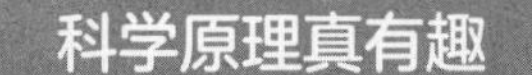

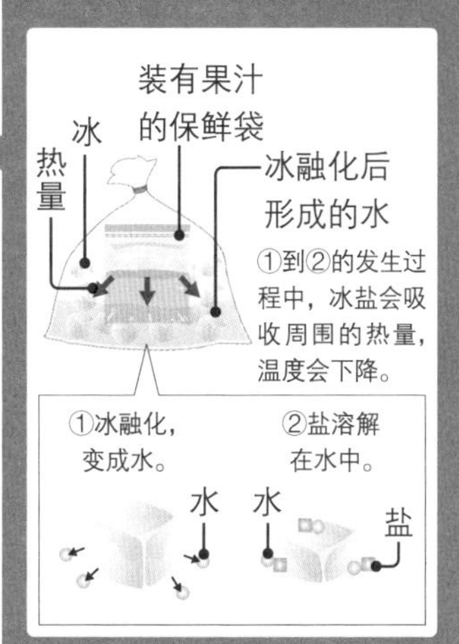

冰在融化的过程中会吸收周围的热量（吸热反应），促使其周围的环境快速降温。盐可以加速冰的融化，同时自身也会在融化的过程中吸收热量。这时，果汁的温度也会随之下降，变成冰沙。

在这个实验中，我们利用了在水中加入盐后，水的结冰温度下降到0摄氏度以下（凝固点降低）这一特点。冬季下雪后，在路面撒工业盐化雪也是利用了一样的原理。

使用牛奶和柠檬来制作美味的农家奶酪吧！

农家奶酪的味道香醇，十分美味。这是一种古老的奶酪，人类从很久以前就开始食用它。我们快来尝试制作吧！

需要准备的物品

- 牛奶 500 毫升
- 滤网
- 柠檬汁两大勺
- 厨房用纸
- 燃气灶
- 锅
- 碗
- 长柄勺
- 勺子

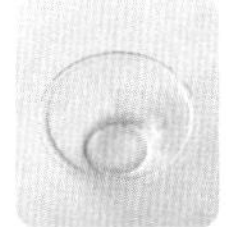

也可以用其他液体代替柠檬汁

实验步骤

把牛奶倒进锅中，用小火加热，直到牛奶沸腾。关火，加入柠檬汁，轻轻搅拌。

搅拌一会儿后，就会出现白色块状物和黄色液体明显分层的现象（分离）。

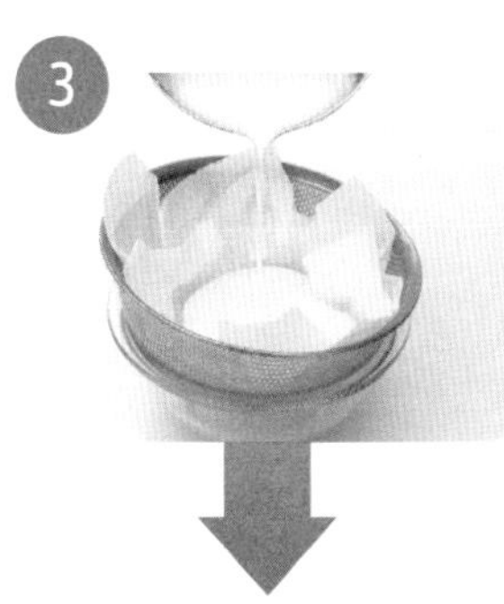

在滤网上垫张厨房用纸，放在碗的上方。然后从滤网上方倒入步骤❷中的分离物。

待白色块状物冷却后，轻轻挤压去除多余水分，农家奶酪就制作完成了。

科学原理真有趣

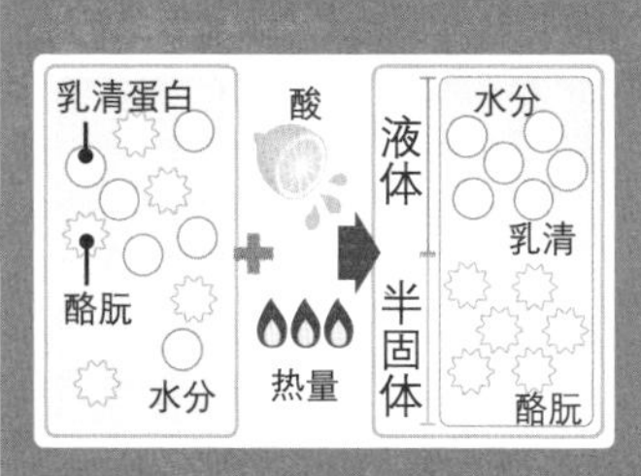

牛奶中的蛋白质含有酪朊这种物质，它们会相互排斥，所以在牛奶中处于分散状态。不过，如果在牛奶中加入柠檬等酸性物质，酪朊就会黏附在一起，凝固后就形成了农家奶酪。

再多了解一些

酪朊是一种蛋白质。如果在牛奶中加入柠檬等酸性物质，酪朊就会和水分分离。

牛奶在分离出酪朊之后形成的透明液体叫作乳清。乳清的营养成分很高，被广泛应用于烹饪等生活的方方面面。

颜色会不断变化？一起来制作五彩缤纷面吧！

面食是一种常见的食物。如果连续好几天吃同一种面食可能会有点腻吧？这时，大家可以尝试制作下面介绍的五彩缤纷面哟！

需要准备的物品

- 碱水面条
- 紫甘蓝
- 醋或者柠檬
- 水
- 锅
- 滤网
- 长筷子
- 燃气灶
- 盛放面的器皿等

也可以用其他面

荞麦面

方便面

以及其他成分中含有“碱水”的面

实验步骤

1 把紫甘蓝切成细条状，放到沸水中，煮5分钟左右捞出。

2 用步骤①中的热水煮碱水面条，面会变成绿色。把煮好的面放进滤网，除去多余水分。

3 把步骤②中的面平均分成两份，在其中一份中加入醋，然后搅拌。加入醋的面会变成粉红色。

科学原理真有趣

紫甘蓝的颜色变化

酸性 ← 中性 → 碱性

紫甘蓝的颜色

紫甘蓝中含有花青素这种成分，和碱性物质混合后会变成绿色，和酸性物质混合后会变成粉红色。在面中使用的“碱水”是碱性物质，而醋是酸性物质，因此它们可以使面变成绿色或者粉红色。

再多了解一些

花青素是一种多酚（参见p.5），它含有青紫色的色素成分。蓝莓、葡萄、茄子、红薯的皮中都含有花青素。

在面上加入自己喜欢的配菜，开始品尝吧！

大家可以在面中加入自己喜欢的汤汁和配菜，打造自己独特的五彩缤纷面。

咖喱粉（姜黄）中含有姜黄素，也可以利用它来体验食物颜色变化的乐趣。

可以轻松剥下煮鸡蛋的壳的魔法小窍门。

烹饪

清洁

洗衣服

其他

在剥煮鸡蛋的壳时，鸡蛋壳可能会变碎，蛋白也可能会变得坑坑洼洼。在这里向大家介绍可以轻松剥下鸡蛋壳的小窍门。

需要准备的物品

- 生鸡蛋
- 勺子
- 水
- 锅
- 密闭容器
- 燃气灶

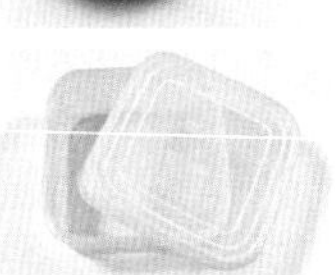

其他剥鸡蛋壳的小窍门

鸡蛋煮熟后放入冷水。

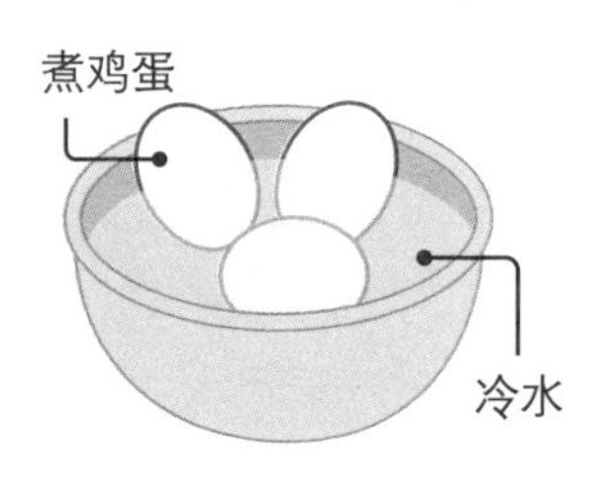

在鸡蛋还热的时候放进冷水，因为存在温度差异，鸡蛋的内部就会收缩，蛋壳膜和蛋白之间会出现间隙，剥鸡蛋壳就会很容易。

注意事项

刚煮好的鸡蛋很烫，一定注意不要被烫伤!

实验方法①

1

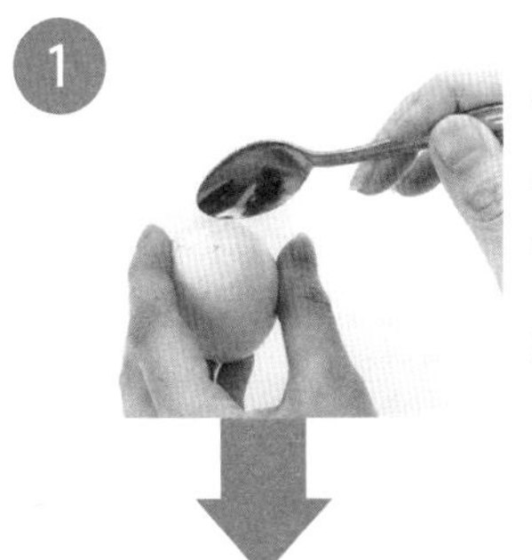

用勺子在鸡蛋的尾侧（不尖的一侧）轻轻敲打，形成细缝。

2

把水烧开，放入步骤①中的鸡蛋，开始煮。煮的时间可以根据自己喜欢的鸡蛋熟度决定。

3

关火，剥掉鸡蛋壳。

4

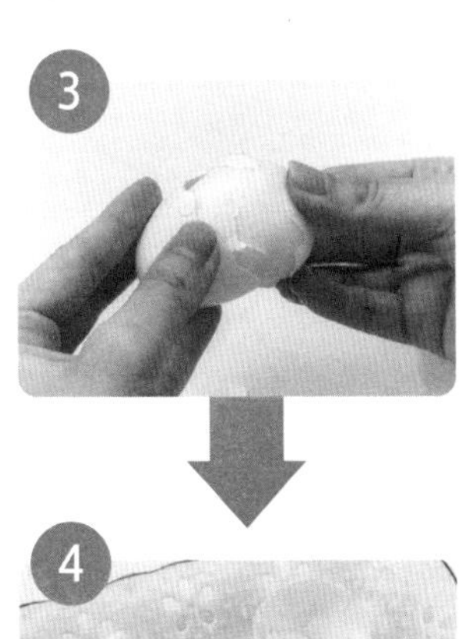

壳很轻松地被剥下来啦！

科学原理真有趣

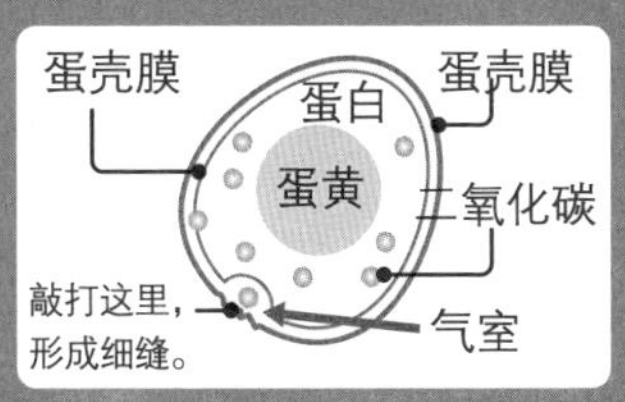

鸡蛋壳不好剥是因为在煮的过程中，蛋白中含有的二氧化碳会在蛋壳内膨胀，使蛋白和蛋壳膜紧紧贴在一起，然后凝固。如果在生鸡蛋的尾侧敲出细缝，就会形成叫作“气室”的缝隙。二氧化碳从气室中排出，蛋白和蛋壳膜之间就会形成空隙，因此可以轻松剥掉鸡蛋壳。

再多了解一些

动植物在进行呼吸等活动时产生的气体叫二氧化碳，它在温度上升后会膨胀。

假如在鸡蛋尾侧以外的地方敲出细缝，蛋壳膜上就会出现小洞，煮鸡蛋时蛋白就可能会溢出。

实验方法 ②

1 把水烧开，放入鸡蛋。煮的时间可以根据喜欢的鸡蛋熟度决定。

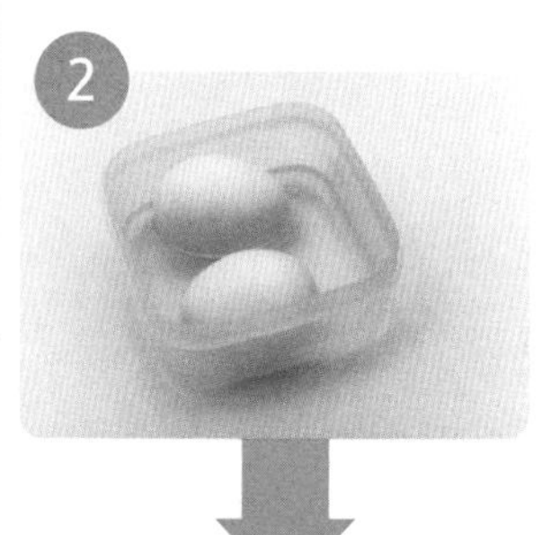

2 在容器中加入1/3的水，然后放进两个煮好的鸡蛋。

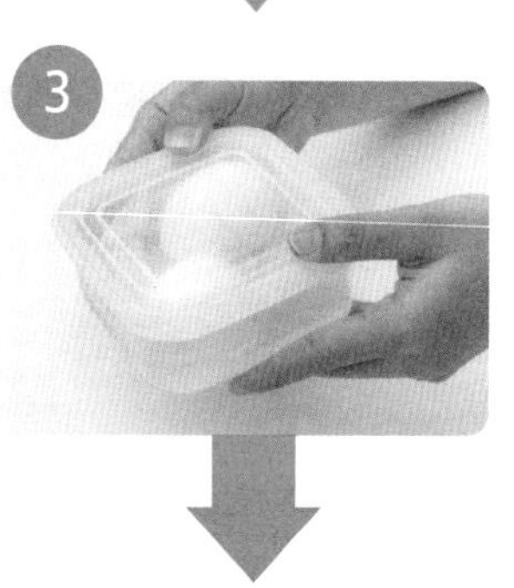

3 把容器的盖子盖好，然后上下左右摇晃10~20秒。

4 从形成细缝的地方开始剥，就可以很轻松地剥掉鸡蛋壳了。

科学原理真有趣

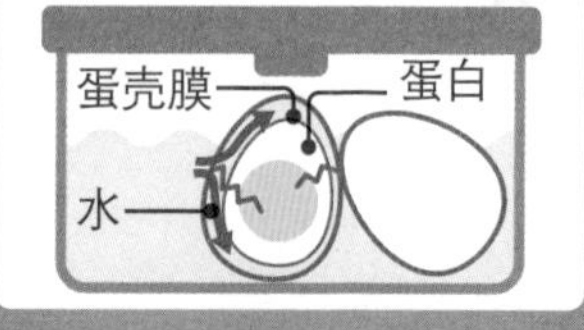

如果在容器中放进两个或两个以上的鸡蛋，鸡蛋之间以及鸡蛋和容器之间会相互撞击，形成细缝。水和空气会通过这些细缝进入蛋白和蛋壳膜之间形成空隙，我们就可以轻松地剥掉鸡蛋壳了。

注意事项

如果摇晃时用力过大，鸡蛋内部就可能被破坏，因此大家要注意力度。

半熟蛋在摇晃时内部可能会变形，因此若想吃半熟鸡蛋，要注意煮鸡蛋的时间和摇晃的力度。

烹饪

清洁

洗衣服

其他

第2章

闪闪发亮的实验——清洁劳动中的奇妙科学

做清洁劳动时，依靠科学的力量可以事半功倍。快来找出家里的物品，把它们清洗干净吧！

玻璃容器上的污渍可以用盐轻松去除。

烹饪
清洁
洗衣服
其他

新的玻璃容器很透亮，随着使用慢慢会变得脏兮兮的。这时，利用盐的特性就能使玻璃容器恢复原来的透亮。

需要准备的物品

- 有污渍的玻璃容器
- 盐　• 毛巾

表示物品硬度的“莫氏硬度”

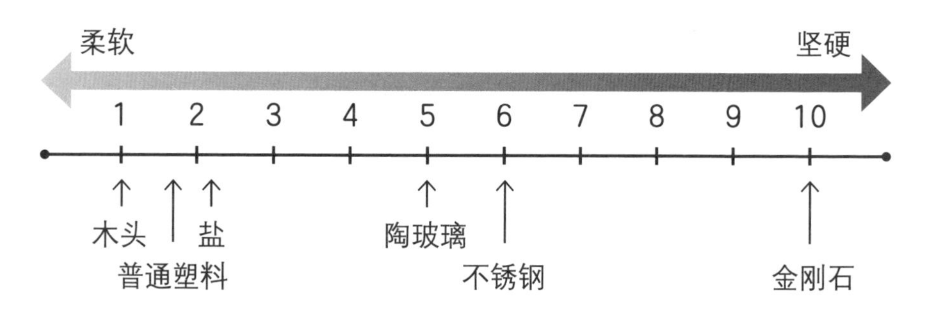

实验步骤

1 在干毛巾上撒点盐。

※ 做实验前，要把手洗干净。

2 用步骤 1 中的毛巾擦洗玻璃容器的内侧和外侧。

※ 玻璃容器要处于干燥状态。

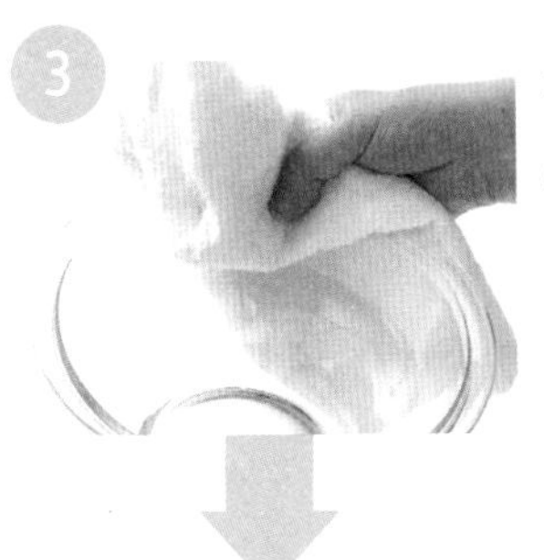

3 把残留在玻璃容器上的盐擦掉。

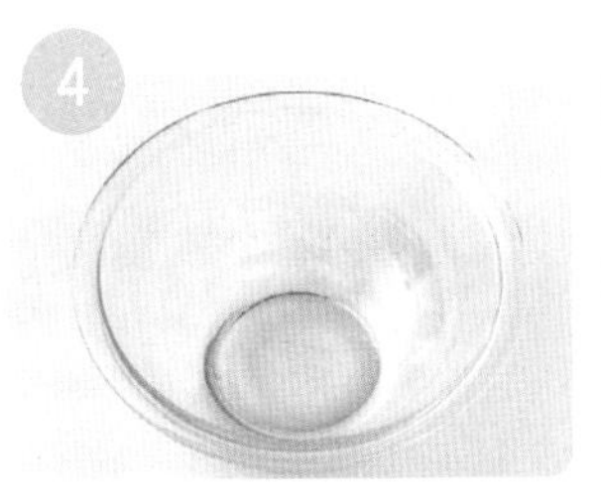

4 玻璃容器就恢复了充满透明感的干净状态。

科学原理真有趣

毛巾

盐

玻璃容器

玻璃容器上面的污渍主要是自来水中的矿物质等成分，或者是饭菜中含有的油或蛋白质残留。这些成分蓄积在玻璃容器上就会形成污渍。这个实验利用了盐的研磨作用。

再多了解一些

虽然盐粒很硬，但是它比玻璃柔软，因此用盐刷洗不用担心会伤到玻璃。

大家一起来看一下表示物品硬度的“莫氏硬度”（在上一页下方）吧。数字越大，表示物品的坚硬程度越高。

用碳酸水可以让银制品变得闪闪发亮。

烹饪

清洁

洗衣服

其他

银制品一开始闪闪发亮，经过一段时间后会发黑，或者变得暗淡无光。这时，利用碳酸水就能恢复银制品闪闪发亮的状态。

需要准备的物品

- 发黑的银制品
- 碳酸水
- 水杯等容器
- 眼镜布

也可以去除其他物品的黑点

银首饰

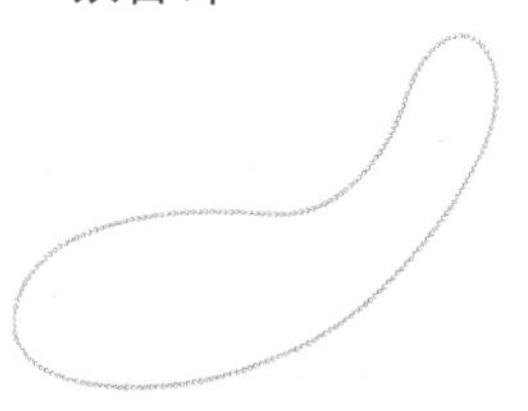

银勺子

注意事项

应使用不含砂糖等杂质的碳酸水。

实验步骤

1 把银制品放进水杯，向杯中倒入碳酸水。

2 让银制品在碳酸水中泡一晚。

※ 如果银制品上的黑点很多，水可能会变色。

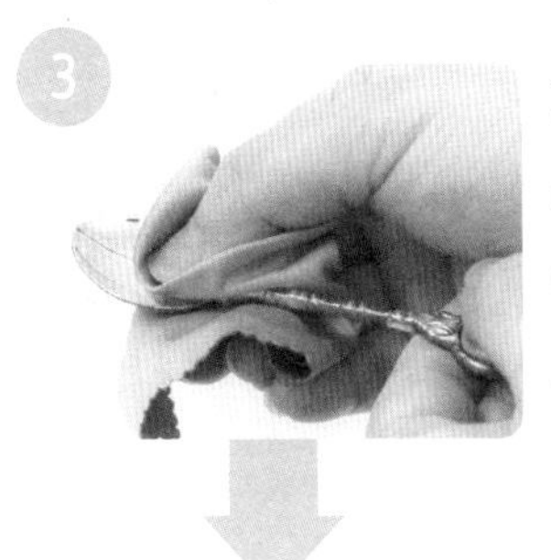

3 第二天，把银制品从水杯中取出，去除水汽后，用眼镜布擦拭。

4 银制品恢复闪闪发亮的状态啦！

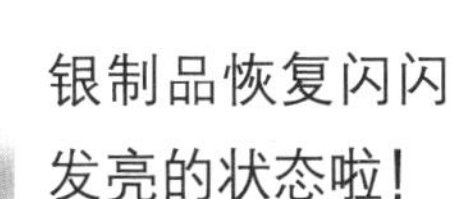

科学原理真有趣

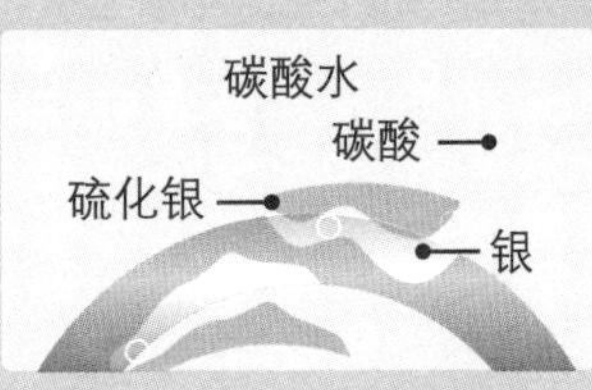

银制品表面看起来暗淡无光，实际上是因为银和空气或皮肤发生反应，产生硫化银这种黑色物质。这时，只要把表面覆盖着硫化银的银制品放到碳酸水中，碳酸水里的气泡就会渗到硫化银下方。气泡具有弹力，因此硫化银就会从银制品表面脱落。

再多了解一些

硫化银是硫化氢和银发生反应后形成的。因此，不要戴银首饰进入含有硫成分的温泉。

将银制品放在铝箔上，用盐覆盖，然后浇上热水，银制品也可光亮如初。

餐具上很难去除的油污可以用碱水面条的面汤轻松去除。

吃完饭后，餐具上经常沾满油污，很难清洗干净。这时，大家可以利用面汤轻松去除油污。

需要准备的物品

- 沾有油污的餐具
- 碱水面条的面汤

注意事项

要注意等面汤冷却，变得可以用手触摸以后再用它去清洁餐具。

也可以用其他面汤去清洁

意大利面的面汤

淘米水

乌冬面的面汤也可以！

实验步骤

1 保留碱水面条的面汤，不要倒掉。

2 把面汤倒在沾满油污的餐具上。

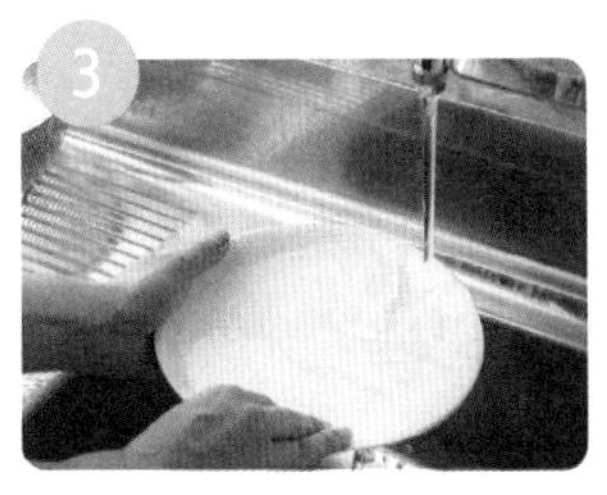

3 用面汤洗餐具，再用清水冲洗一遍，就可以把油污清除得很彻底。

科学原理真有趣

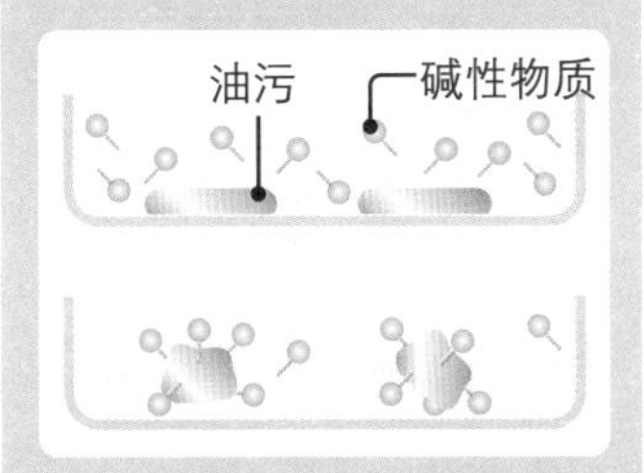

面汤中含有碱性物质，油污会与碱作用转化成皂素，进而起到使油污从餐具表面脱离的作用。

再多了解一些

皂素是一种很强的表面活性剂（参见p.75），一般可溶于水，即使高度稀释也能形成皂液，达到清洁结果。

特别说明

一定要在餐具上的油污凝固之前去除，一旦油污凝固，就会很难清除了。

水和油无法融合在一起，但是我们可以利用表面活性剂，使水和油融合，从而去除油污。

微波炉中的异味可以用柠檬皮轻松去除。

我们有时打开微波炉会闻到难闻的气味。这时，可以用微波炉加热柠檬皮的方法去除异味。

需要准备的物品

- 微波炉
- 水
- 柠檬皮
- 耐热容器

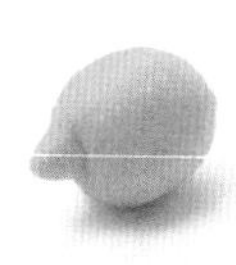

也可以利用其他物品去除异味

橘子皮

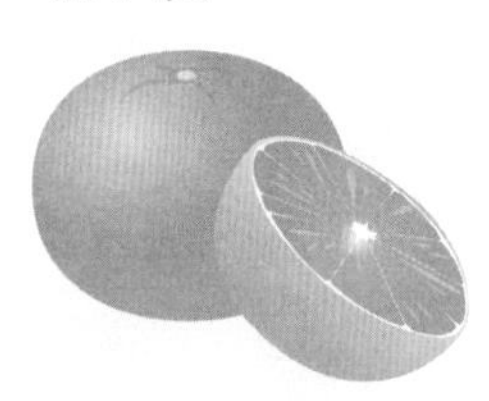

醋

注意事项

从微波炉中取出耐热容器时，注意不要被烫伤，可以请成人帮忙，等容器冷却之后再取出来。

实验步骤

1

把柠檬皮（或者是使用后的柠檬）放进耐热容器，向容器中加入水，使水刚好没过柠檬皮。

2

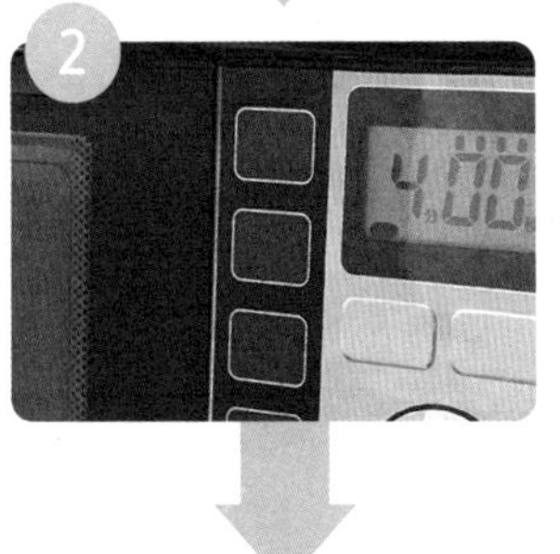

把步骤①中的容器放进微波炉，不盖保鲜膜，在600瓦状态下加热4分钟左右。

3

停止加热后先静置15分钟，再打开微波炉，把装有柠檬皮的容器取出。

4

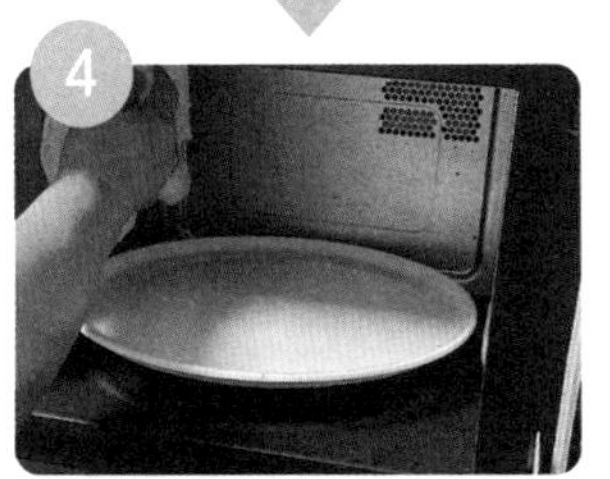

难闻的气味消失了，微波炉散发出柠檬的香气。而且，只需要用步骤③中的柠檬水擦拭，就能很容易去除油污了。

科学原理真有趣

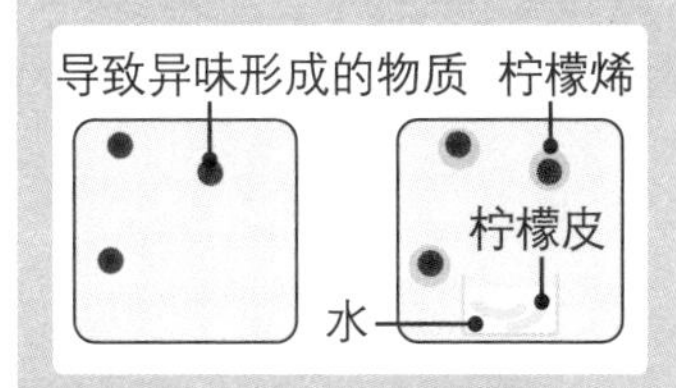

柠檬皮中含有柠檬烯这种很香的成分。如果把柠檬放到水中再用微波炉加热，柠檬烯就会在微波炉中扩散，包裹住难闻的气味。

再多了解一些

在柑橘类水果中都含有柠檬烯。微波炉中的异味主要是飞溅出来的食品腐烂或烧焦的气味。

柠檬烯具有分解油性成分的特性，因此它可以使油污变得容易脱落。

小苏打的神奇力量可以使锅上的焦糊马上消失。

锅的内侧形成的焦糊很难用海绵抹布擦干净。这时，小苏打就可以大显身手了。只需要在锅中加入水和小苏打，然后加热，就可以轻松地去除焦糊了。

需要准备的物品

- 内部烧焦的锅等
- 小苏打
- 水
- 勺子
- 海绵

可以根据锅的材质选择去除焦糊的方法

铝质锅→醋　　特氟龙加工的锅→水

注意事项

铝锅、铜锅和特氟龙加工的锅不能使用小苏打进行清洁，因此一定要提前确认好锅的材质。

实验步骤

在锅中加入水，没过焦糊部分，在每1升水中加入一大勺小苏打。

点火，水沸腾后再加热15分钟左右。

关火，把水放置到冷却。

把水倒掉，用海绵擦拭。

※ 如果焦糊很难脱落，可以在海绵上再倒点儿小苏打。

科学原理真有趣

二氧化碳的小气泡

和油性成分发生反应的碳酸钠

焦糊物质

如果对小苏打进行加热，它就会被分解成水、二氧化碳和碳酸钠。二氧化碳会变成气泡，把污渍带到水的表面，碳酸钠会和油性成分发生反应，发挥出类似于肥皂的作用，使焦糊脱落。

再多了解一些

碳酸钠具有很强的碱性，易溶于水，可以用于制造肥皂。肥皂可以使原本不相溶的水和油溶解在一起，从而去除污渍。

碳酸钠和油性成分反应的产物和肥皂的成分差不多，因此可以认为这个过程是在一边制造肥皂，一边去除污渍。

厨房里黏糊糊的油污
可以用电吹风的热量去除。

烹
饪

清
洁

洗衣服

其
他

燃气灶周围经常会粘满黏糊糊的油污。不过，就算是长期积累后形成的顽固污渍，也可以利用电吹风的热量轻松去除。

需要准备的物品

- 有油污的地方
- 橡胶手套或塑料手套
- 保鲜膜 • 电吹风 • 抹布
- 碱性清洗剂（去油污用）

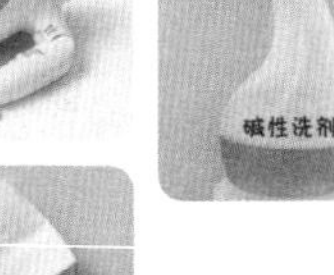

也可以用来去除其他地方的油污

油烟机和燃气灶

烤箱内部

注意事项

做实验时要注意通风，而且要戴上橡胶手套或塑料手套操作。

实验步骤

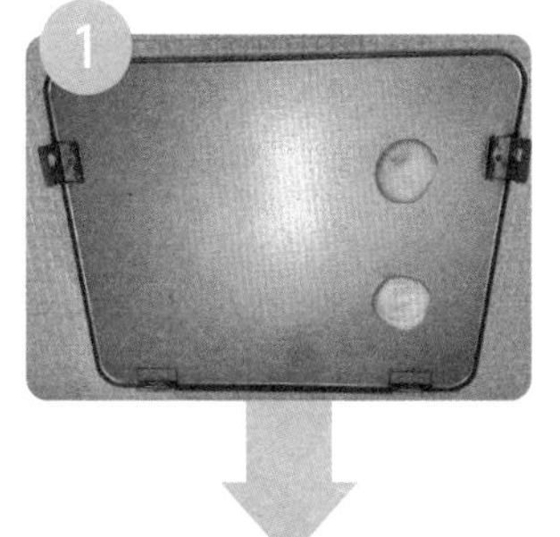

在有油污的地方涂上碱性清洗剂。

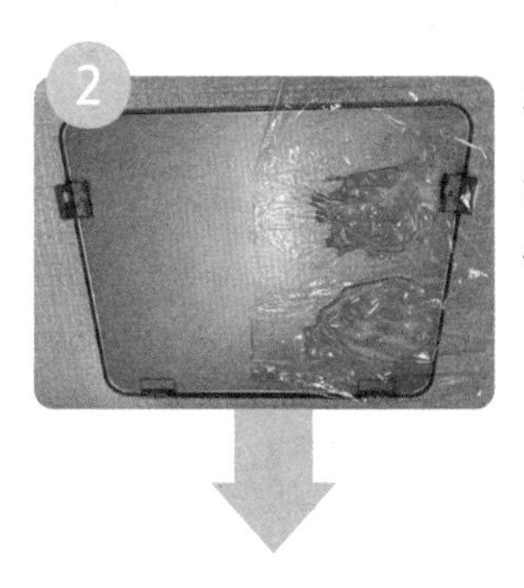

在涂上碱性清洗剂的地方覆盖上保鲜膜。

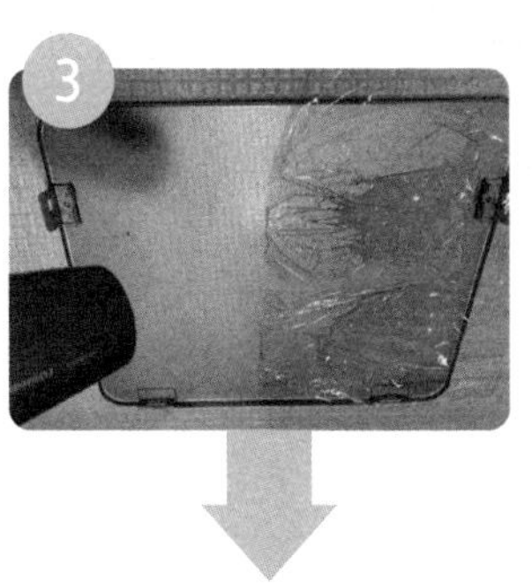

在距离保鲜膜 10 厘米左右的地方，用电吹风的热风吹。加热时间不超过 2 分钟。

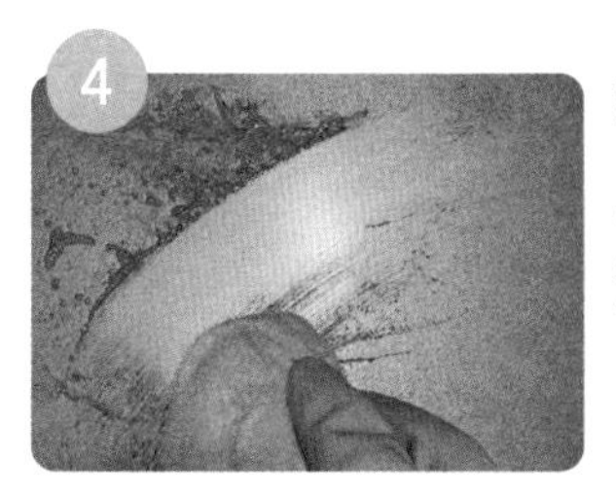

把保鲜膜揭掉，用抹布把碱性清洗剂擦干净。

科学原理真有趣

①加热。

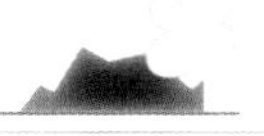

②油会变软。

③变得很容易擦掉。

随着时间推移，油和氧气结合在一起，经过 1 个月左右的时间，就会转变成黏糊糊的油污。如果继续放置不管，油污就会继续氧化，变成很多黏糊糊的分子黏附在一起的状态（聚合）。通过用电吹风在 60~80 摄氏度状态下加热，油会变软，变得很容易擦掉。

加热是使油污脱落的关键。因此，燃气灶的支架等可以取下的零部件可以用热水泡 5 分钟左右，再进行上述实验，这样就可以更轻松地擦掉油污了。

厨余垃圾的异味
可以用咖啡渣来击退。

厨余垃圾很容易有臭味。这时，如果在厨余垃圾里撒上咖啡渣再扔到垃圾桶里，就可以防止异味的扩散了。

需要准备的物品

- 厨余垃圾
- 干燥后的咖啡渣

注意事项

潮湿的咖啡渣很容易产生霉菌。因此，要把咖啡渣充分干燥后再使用。

也可以用来预防其他地方的气味

卫生间

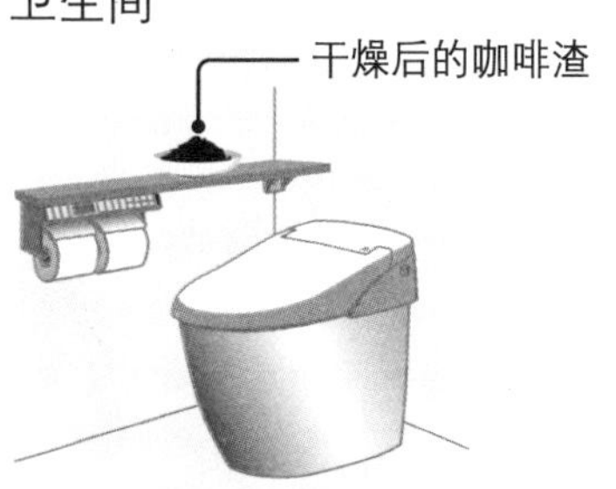

鞋柜

干燥后的咖啡渣

防止厨余垃圾异味扩散的方法

1

对咖啡渣进行干燥处理。

2

把干燥后的咖啡渣直接撒在厨余垃圾上。

咖啡渣的干燥方法

利用阳光

把咖啡渣铺平，放置在有阳光照射的地方。

※ 干燥后的咖啡渣很容易被风吹散，因此要注意防风。

利用微波炉

把咖啡渣放进耐热容器，不盖保鲜膜，用微波炉在 600 瓦状态下加热 1 分钟左右。

科学原理真有趣

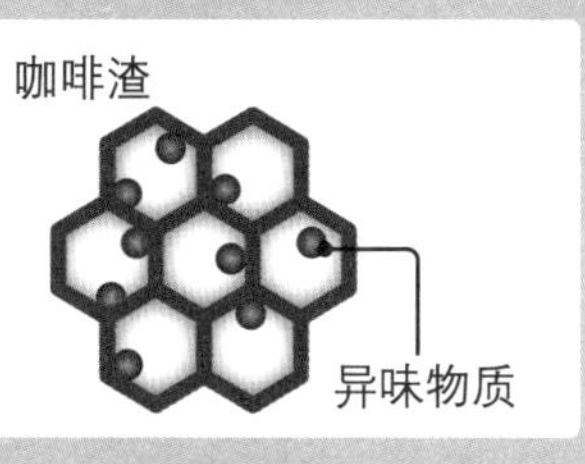

人之所以会闻到厨余垃圾散发出的异味，是因为从厨余垃圾中飞溅出的异味物质被鼻子中的嗅觉细胞感知到了。咖啡渣的表面面积很大，具有吸附异味分子的能力，异味物质被咖啡渣吸附后，就不会再被鼻子感知到。

再多了解一些

厨余垃圾散发出异味的主要原因是微生物在分解厨余垃圾时释放出了有害物质。

异味分子被吸附后，与咖啡渣表面紧密结合，不再溢出。

紧紧粘在瓶子上的标签可以借助吹风机轻松撕下。

烹饪

清洁

洗衣服

其他

有时，我们需要撕下粘在瓶子上的标签，却发现很难撕干净。这时，如果用吹风机加热标签，就可以轻松地撕下来了。

需要准备的物品

- 粘有标签的瓶子
- 吹风机

也可以用于揭下其他地方的标签

塑料

家具

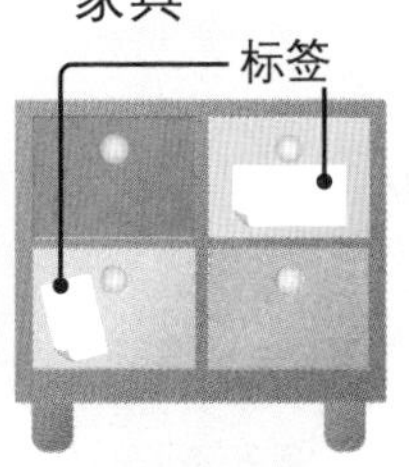

注意事项

在使用吹风机时，有被烫伤的风险，因此，要在成人的帮助下使用。另外，有的材料可能不宜过度加热，一定要小心。

实验步骤

1 把标签的边缘稍微撕开。

2 用吹风机对准整个标签加热20~30秒。

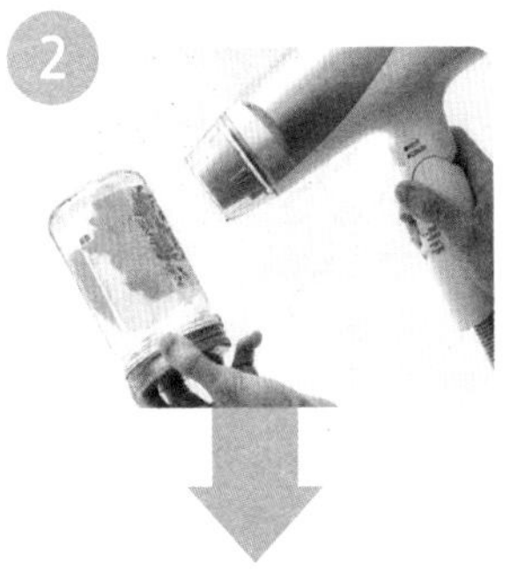

3 从步骤1中撕开的地方继续撕，标签就被顺利地撕下来啦！

科学原理真有趣

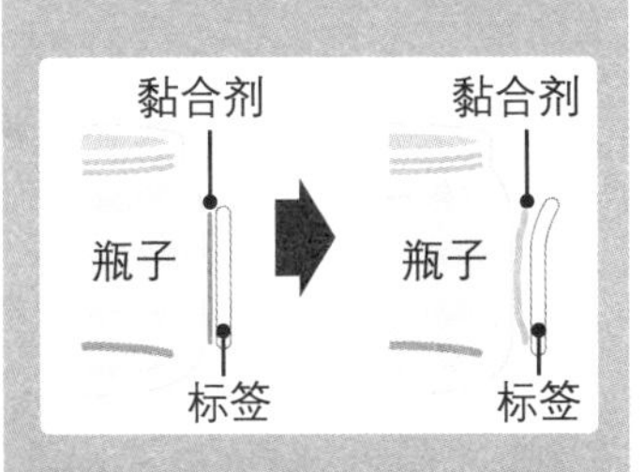

标签下方的黏合剂和瓶子的表面紧紧地黏合在一起。用吹风机进行加热后，黏合剂会变软，标签和瓶子之间会产生缝隙，因此黏合力会变弱。

再多了解一些

黏合剂有耐热温度（可以耐受的温度），假如超过了这个临界点，黏合剂就会融化变软。

特别说明

如果在撕标签的过程中发现有的地方无法顺利撕下，可以对这个部分继续加热。

一般来说：在加热时，物品会变软；冷却时，物品会变硬。

不要扔掉，它很有用！土豆皮可以用来擦亮镜子。

浴室和洗脸池处的镜子很容易沾上污渍。如果放置不管，这些污渍就会越来越难清除。其实，只要用土豆皮擦拭，就可以轻松地擦掉这些污渍啦！

需要准备的物品

- 满是水垢的镜子
- 土豆皮
- 干燥的抹布

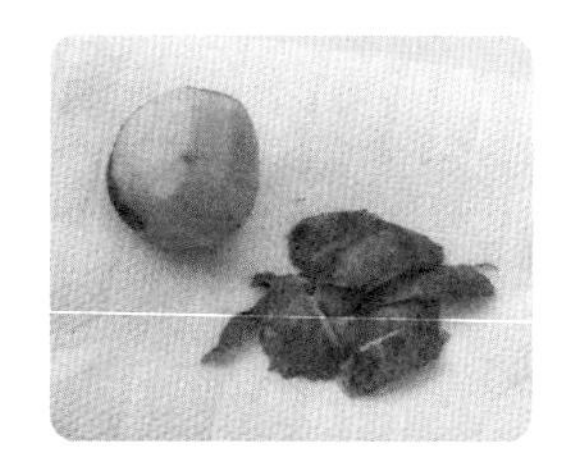

也可以用于擦干净其他物品

水槽

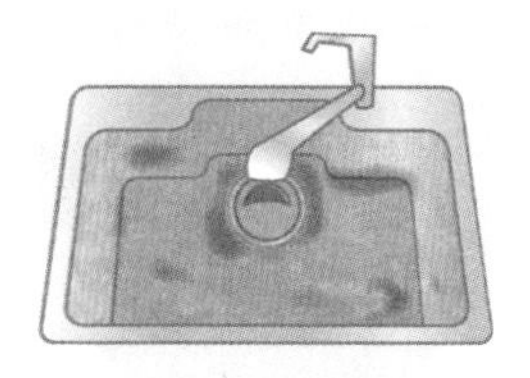

玻璃杯

注意事项

要在成人的帮助下削土豆皮，避免划伤！

实验步骤

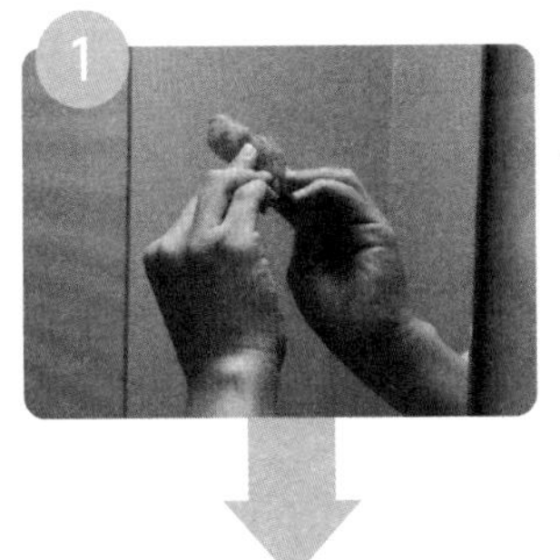

1 用土豆皮的内侧部分擦拭镜子上有污渍的地方。

2 用干燥的抹布把用土豆皮擦拭过的地方擦干净。

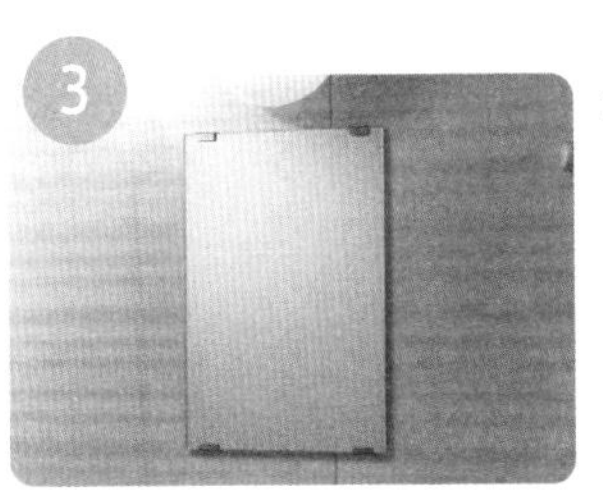

3 镜子会变得很亮。

特别说明

当土豆中的白色液体无法擦掉时，可以先用浸湿后拧干的抹布擦拭，再用干燥的抹布擦拭。

科学原理真有趣

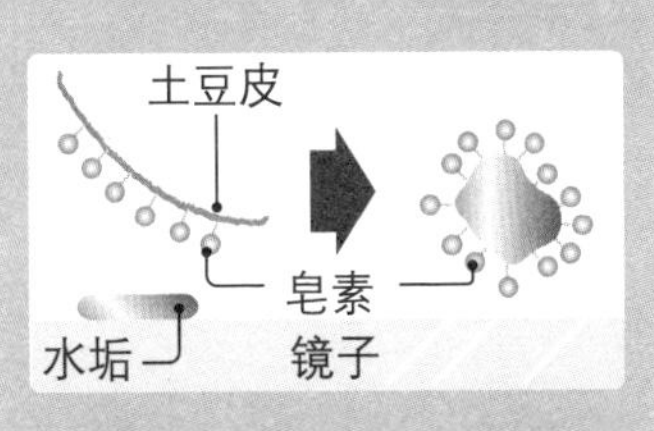

浴室等处的镜子之所以会产生污渍，是因为“水垢”。土豆皮中含有的皂素（参见 p.55）和清洗剂一样，具有去除污渍的作用，因此可以把水垢擦掉。

再多了解一些

水垢是水分挥发后的无机盐小颗粒沉积形成的，土豆皮中的淀粉颗粒通过摩擦，使这些无机盐颗粒从光滑的镜面脱离。

镜子起水雾，是因为镜子表面附着水滴，而皂素可以抑制水滴的形成。因此，皂素也具有防止镜子起水雾的作用。

水槽的清洁就交给牙膏吧！

烹饪

清洁

洗衣服

其他

厨房和洗脸池的水龙头，以及浴室中的镜子有时会出现白色的污渍。这种污渍通常就是水垢，可以用牙膏清除干净。

需要准备的物品

- 因为水垢而变脏的地方
- 厨房用纸或干燥的抹布
- 牙膏（含有研磨剂）
- 保鲜膜
- 热水

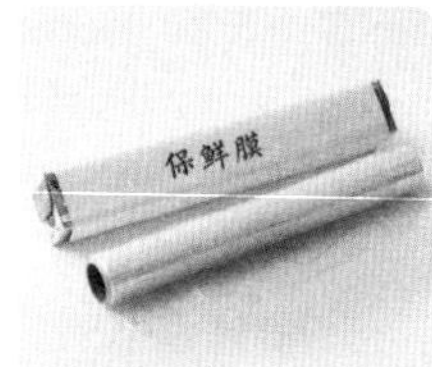

特别说明

也可以用布来代替保鲜膜。为了保证不过度吸收牙膏，推荐使用较硬材质的布。

注意事项

请使用含有研磨剂的牙膏。

实验步骤

用厨房用纸或干燥的抹布擦掉因为水垢变脏的部位的水分。

把保鲜膜揉成团，蘸上牙膏。然后，像画圆一样擦拭污渍。

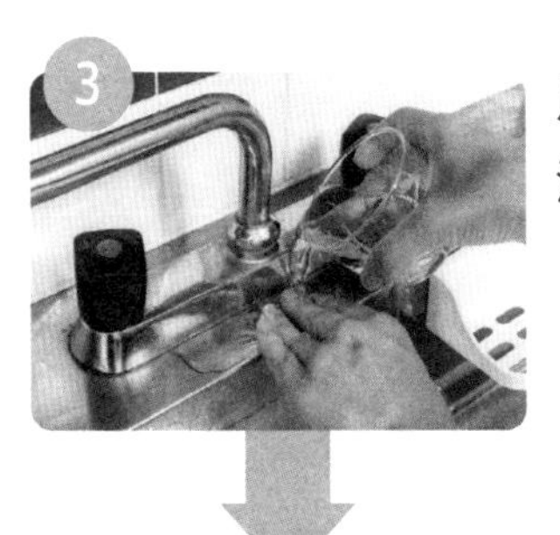

用热水把牙膏冲洗掉。

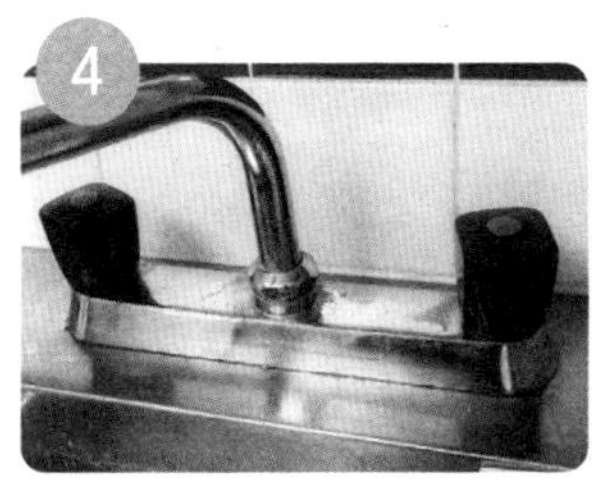

把水擦干。

科学原理真有趣

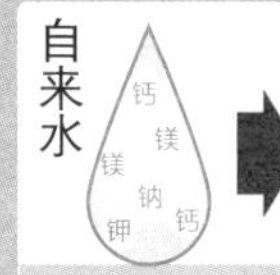

蒸发的水分

钙 钠 镁 钾 镁 钙

水垢残留下来的矿物质成分

水垢是自来水中的矿物质成分残留积聚而成。自来水中含有钙、镁等矿物质成分。在水分蒸发之后，这些成分就会结晶（液体转化为固体的过程）然后残留下来，形成水垢。

再多了解一些

水垢的成分与地域水质有关，但大都含有碳酸钙、氢氧化镁、硫酸钙、氢氧化铁等化合物。

牙膏中含有的研磨剂的硬度不会对牙齿造成损伤，因此在用牙膏擦拭时也不会划伤水槽和镜子。

利用柠檬汁的神奇力量可以使顽固的锈迹马上消失。

烹饪 清洁 洗衣服 其他

我们身边的物品，比如自行车的表面，有时会出现锈迹。如果放置不管，锈迹就会逐渐扩大，变得难以清除。柠檬汁就可以清除这种锈迹。

需要准备的物品

- 需要去除锈迹的物品
- 柠檬 • 厨房用纸
- 牙刷 • 抹布
- 可以放入生锈物品的容器

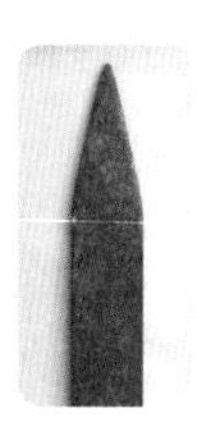
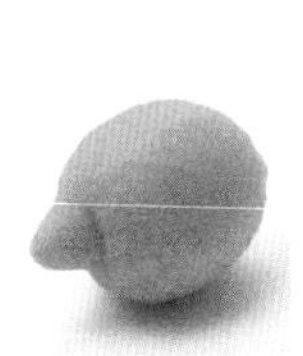

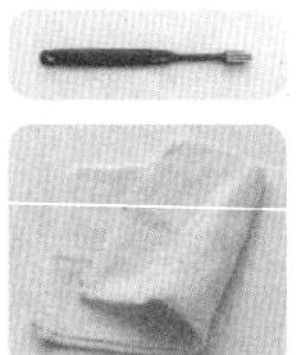

也可以去除其他地方的锈迹

自行车的锈迹

工具上的锈迹

注意事项

如果物品表面残留有柠檬汁，就会再次生锈。因此，一定要把柠檬汁擦干净。

实验步骤

1 挤出一些柠檬汁。

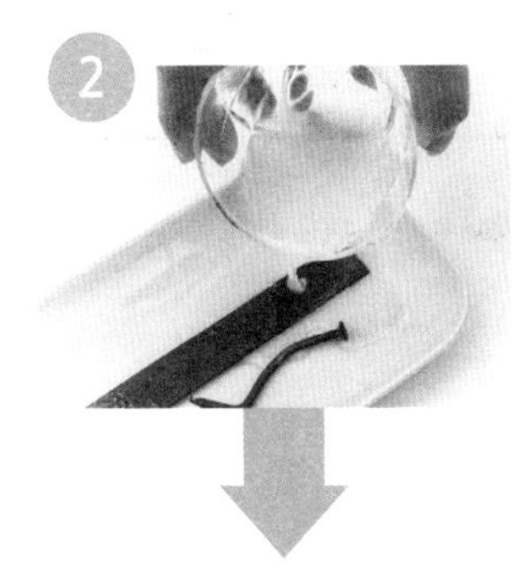

2 把步骤1中的柠檬汁倒在生锈部位，放置3个小时左右。

※ 根据生锈的程度，锈迹脱落的时间可能会不一样。

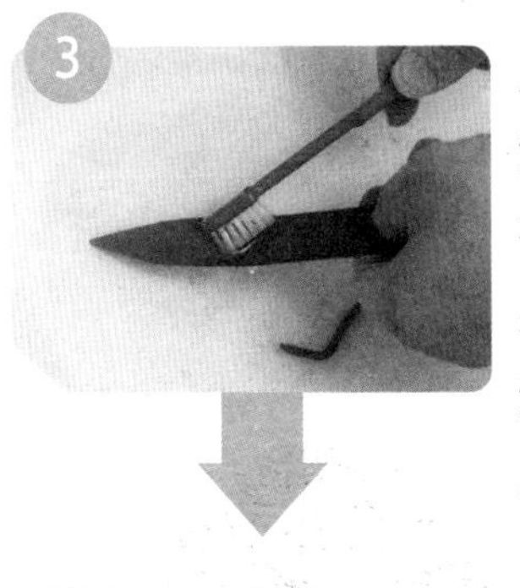

3 用水把柠檬汁冲洗掉，或者用抹布等擦干净。如果是很顽固的锈迹，大家可以用牙刷把它刷掉。

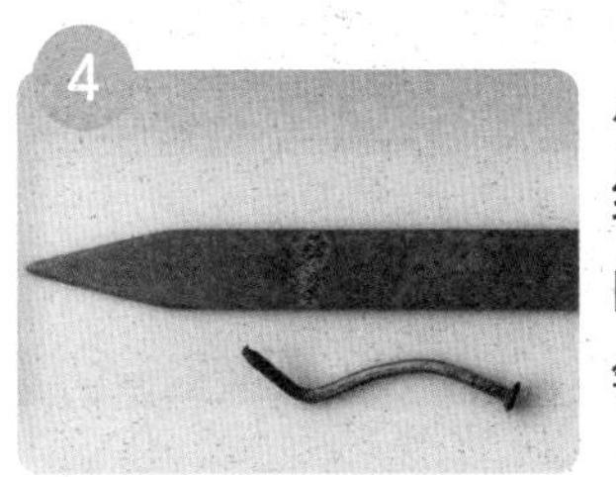

4 用厨房用纸等把经过步骤3处理的物品擦拭干净，锈迹就被清除了。

科学原理真有趣

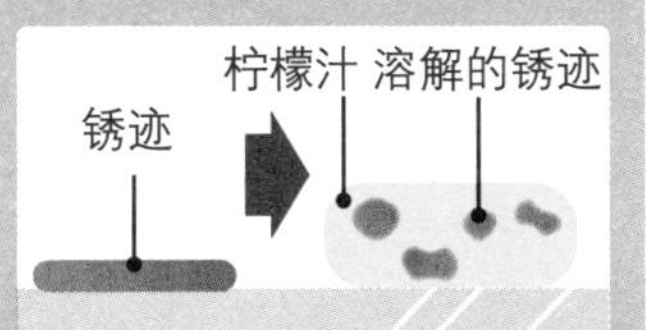

把柠檬汁倒在铁锈等金属锈迹上后，柠檬汁中含有的柠檬酸和锈迹发生反应，从而溶解锈迹。由于柠檬酸不仅可以溶解锈迹，如果长时间与金属接触，还可以溶解金属本身，所以务必要将残余的柠檬汁清洗、擦拭干净。

再多了解一些

红褐色的锈迹是金属遇到水和氧气时产生的。柠檬酸是柠檬等柑橘类水果中含有的酸性成分。

和水发生反应后，铁还会和氧气发生反应，转变成红褐色的氧化铁。我们平常说的“铁锈”其实就是氧化铁。

利用吸尘器和水可以去除地毯上的污渍。

如果不小心把酱油倒在地毯上，不要慌，可以利用吸尘器和水把污渍清理干净。

需要准备的物品

- 沾上污渍的地毯
- 吸尘器
- 水
- 抹布或毛巾（干燥状态）

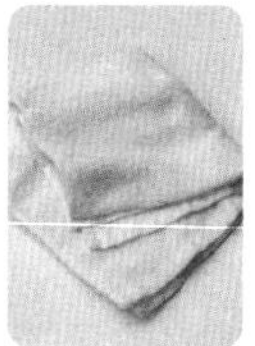

特别说明

污渍分为“水性污渍”和“油性污渍”两种。这里介绍的方法对清除水性污渍尤其有效。在清洁之前，可以确认一下污渍的种类。

注意事项

如果长时间使用吸尘器，或者不垫抹布就直接用吸尘器，可能会导致吸尘器故障，因此要注意吸尘器的保养。

实验步骤

在形成污渍的地方（倒有酱油的地方）倒上水。

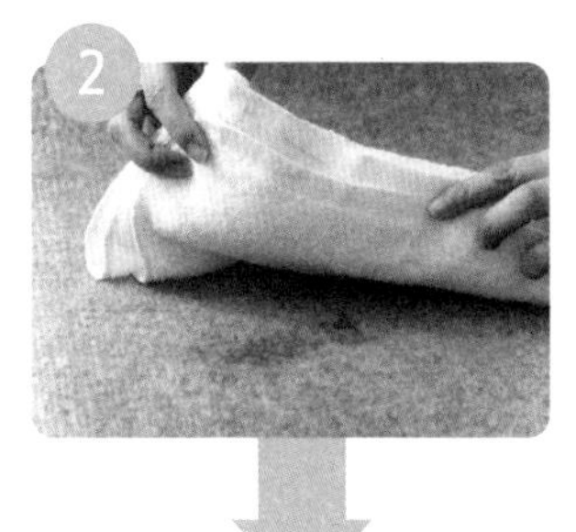

在经过步骤1处理之后的污渍部位盖上干燥的抹布或毛巾。

把吸尘器顶端（吸头）拆卸掉，隔着抹布或毛巾开启吸尘器。

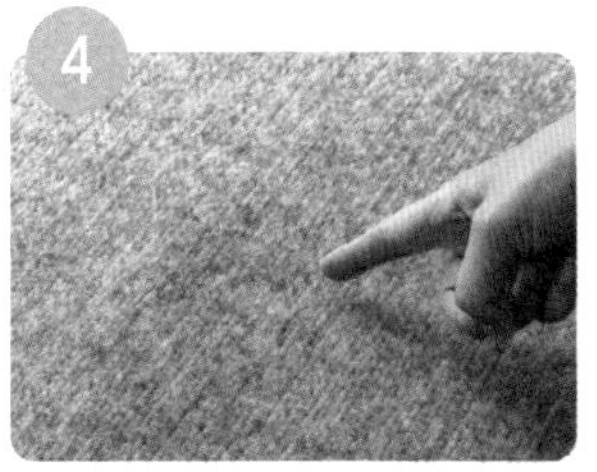

污渍被清除啦！

※ 酱油的气味也被吸走了。在实验结束后，大家要记得清洁吸尘器。

科学原理真有趣

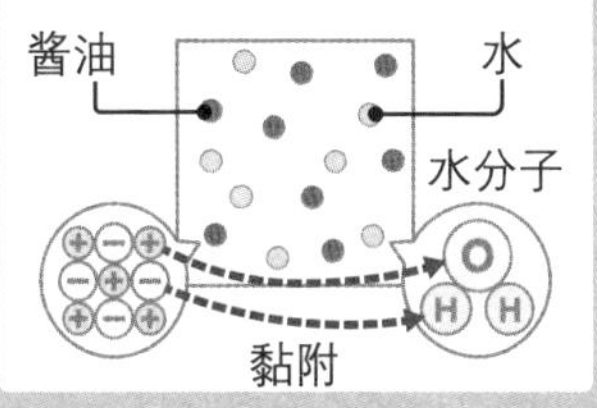

倒上水后，污渍就会溶解在水中，被稀释后污渍的面积也会变大。这是因为水很容易和污渍中的色素结合在一起，这一现象叫作“水分子的水合现象”。然后，利用吸尘器的力量，把溶解了色素的水吸出来，转移到抹布或毛巾上，就成功去除了地毯等物品上的污渍。

再多了解一些

水分子（H_2O）中的H有正电性（在化学反应中倾向于形成正离子，负电性反之），可以吸附负离子，O有负电性，可以吸附正离子。水分子和造成污渍的色素分子黏附在一起，因此可以利用吸尘器把它们一起吸出来。

凉席上的蜡笔污渍可以用牙膏轻松去除。

大家有没有用蜡笔在凉席上涂鸦，担心被家长骂的经历？其实，只需要用牙膏就可以轻松地去除蜡笔污渍。

需要准备的物品

- 有蜡笔污渍的凉席
- 牙膏
- 牙刷
- 纸巾
- 湿纸巾

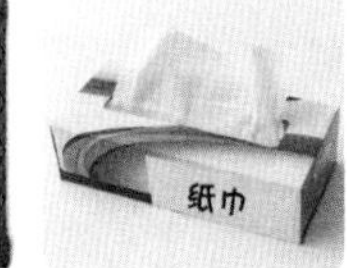

特别说明

可以用旧牙刷来做实验。

千万不要把下面这些物品用在凉席上

小苏打　**碱性清洗剂**

碱性成分会容易造成凉席变色。

黏毛器

黏毛器会把凉席的材料拉起，损伤凉席。

实验步骤

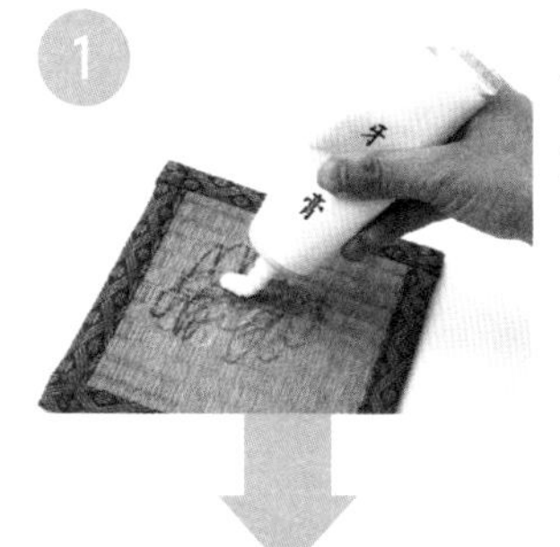

1 在蜡笔污渍上面涂上牙膏。

2 沿着凉席的纹路，把牙膏涂抹均匀。

3 用纸巾擦掉牙膏。

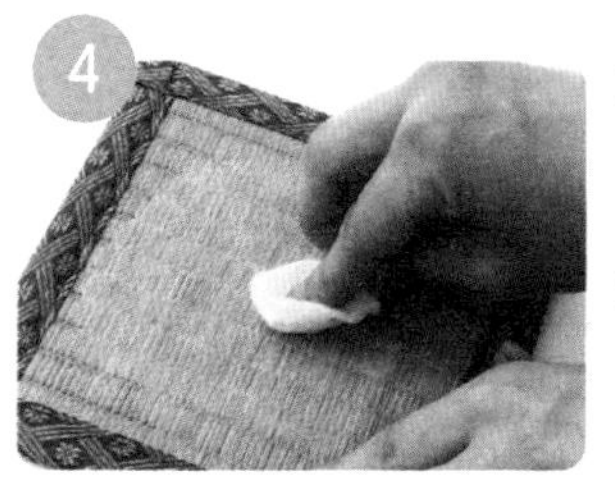

4 再用湿纸巾把残留的牙膏擦掉，这样污渍就被清除干净了。

科学原理真有趣

水　表面活性剂　油

渗在水中的部分　渗在油中的部分

牙膏中含有的表面活性剂可以促进原本不相溶的水和油混合在一起。表面活性剂可以渗透到凉席细小纹路中的蜡笔（油性）污渍，因此可以把污渍清除干净。

再多了解一些

表面活性剂还包括洗发水、肥皂、厨房用清洗剂、洗衣液等产品。牙膏成分表中的“月桂基硫酸钠”就是一种表面活性剂。

最近开始出现不含表面活性剂的牙膏，因此在实验之前要确认一下牙膏的成分。此外，该实验只适用于油性蜡笔产生的污渍。

油性笔的涂鸦可以用山葵酱去除。

烹饪

清洁

洗衣服

其他

小孩子在用油性笔画画和写字时，很可能会画到墙壁或家具上。这时，我们可以使用山葵酱轻松地去除这些涂鸦。

需要准备的物品

- 油性笔涂鸦的物品
- 山葵酱
- 纸巾
- 塑胶手套

照片中显示的是塑料质容器

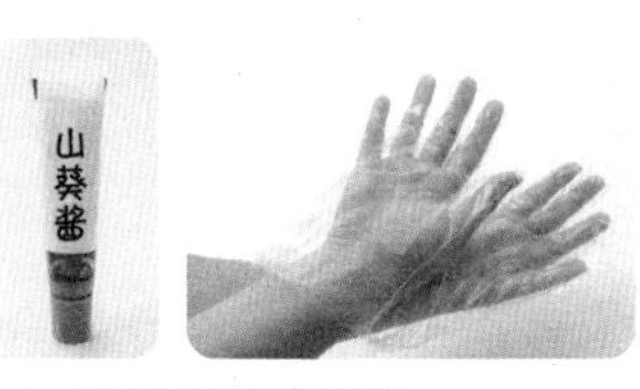

也可以用来去除其他地方的涂鸦

塑料质家具和容器

冰箱

凉席

注意事项

如果山葵酱附着在皮肤上，可能会让人感到火辣辣地疼。因此，在进行实验时要记得戴上塑胶手套等来保护双手哟！

实验步骤

在油性笔涂鸦的部位均匀地涂上山葵酱。

放置5分钟左右。把边上的山葵酱稍微擦掉一些，如果发现涂鸦仍然残留，就继续放置一段时间。

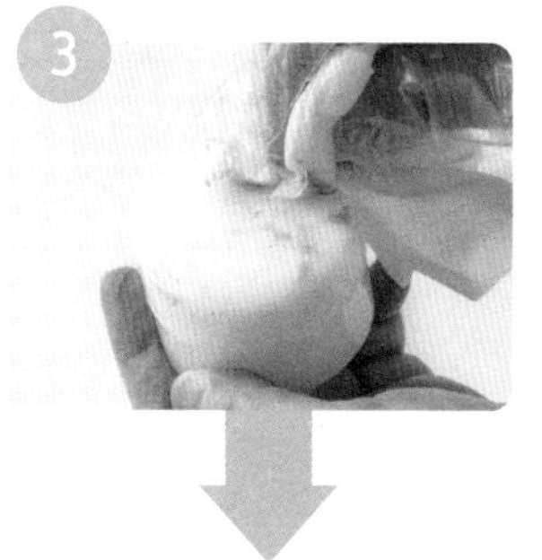

在确认污渍变得容易擦掉后，用纸巾把山葵酱和涂鸦擦除干净。

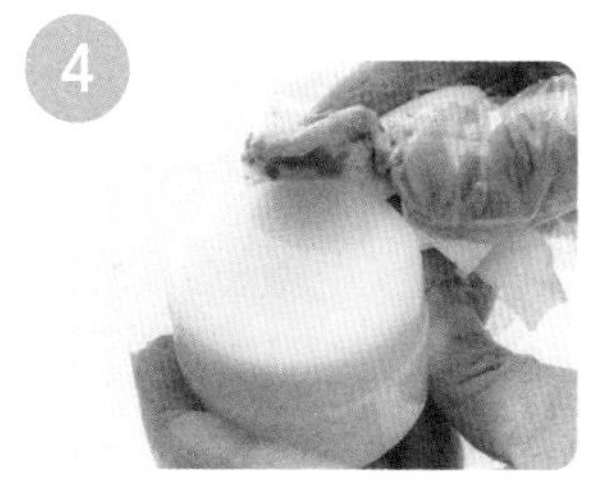

涂鸦被擦掉啦！

科学原理真有趣

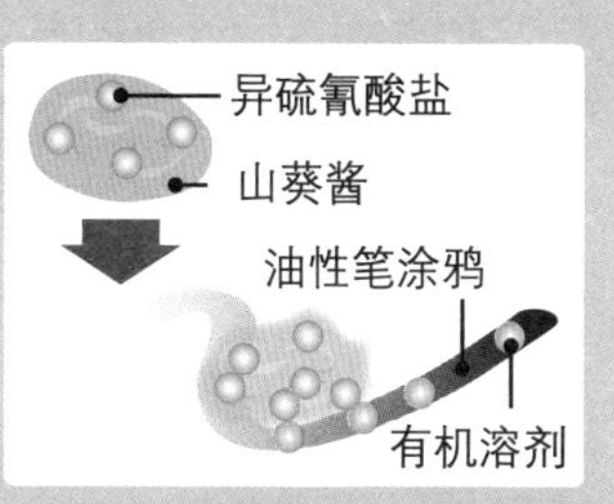

山葵酱中含有异硫氰酸盐这种成分，它和油性笔中含有的有机溶剂具有相同的性质。因此，这两种物质混合在一起后，有机溶剂就会浮现出来，油性笔的涂鸦就消失了。

再多了解一些

有机溶剂具有可以溶解其他物质的特性。

很多材质的物品可能有涂鸦，比如塑料、玻璃、木头、布等。大家需要根据不同的材质，采取不同的清除方法。（参见 p.74~75；p.78~79）

不用发愁，利用无水乙醇也可以去除涂鸦。

小孩子涂在玩具或家具上的涂鸦很难清除。不过，如果是油性笔产生的涂鸦，可以利用无水乙醇进行清除。

需要准备的物品

- 上面有涂鸦的物品
- 无水乙醇
- 厨房用纸
- 口罩
- 塑胶手套

照片中显示的是塑料质容器

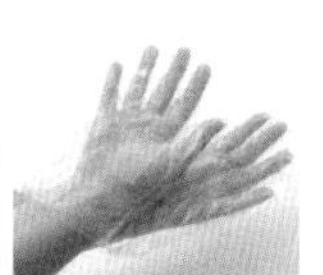

也可以用来清除其他物品上的涂鸦

塑料瓶

镜子

注意事项

如果在刷了清漆的木制家具上使用这种方法，清漆会变薄，或是消失。因此在做实验前，先确定家具的材质。

实验步骤

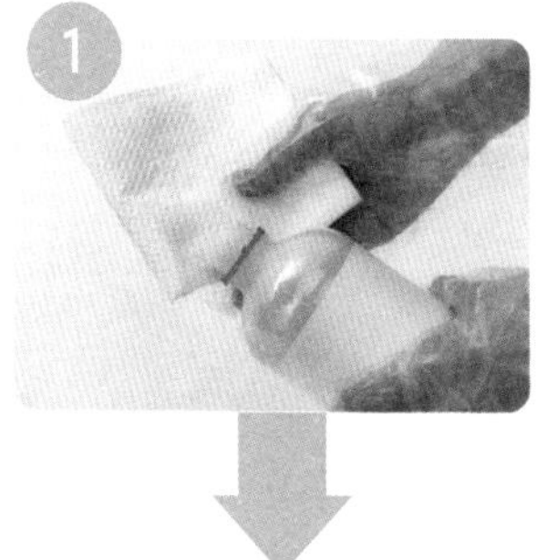

① 戴上塑胶手套和口罩，然后用厨房用纸蘸取无水乙醇。

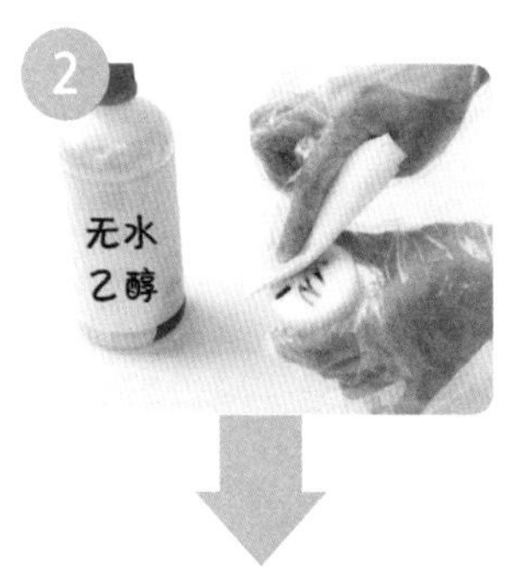

② 用蘸了无水乙醇的厨房用纸擦拭有涂鸦的部位。

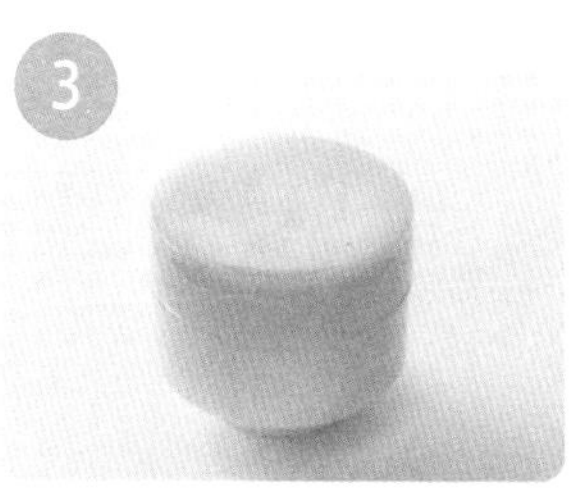

③ 涂鸦被去除啦！

科学原理真有趣

蘸了无水乙醇的布

无水乙醇

擦拭涂鸦

油性笔或蜡笔中的油性成分会溶解在无水乙醇（酒精）中，使涂鸦转移到布上。

无水乙醇具有使油溶解的性质。因此，如果用无水乙醇擦拭油性笔或蜡笔的涂鸦，油性笔或蜡笔中的油性成分就会溶解在无水乙醇（酒精）里，涂鸦就会消失。

再多了解一些

乙醇是酒精的主要成分，浓度超过99.5%的乙醇被称为无水乙醇。

特别说明

做实验时必须和成人一起。另外，要注意通风，而且无水乙醇要远离火源。如果大家发现皮肤变红或者感觉恶心，一定要停止实验。

无水乙醇的气味具有很强的刺激性，在使用时一定要小心。

第3章

焕然一新的实验——洗衣劳动中的奇妙科学

衣物清洁是我们日常生活中不可或缺的一部分。学会本章中的小窍门，让衣物焕发新生吧！

酱油渍竟然可以用醋去除。

有时，我们会不小心把酱油沾在衣服上。这时，可以用醋来去除酱油渍。不过，如果已经沾上很长时间了，酱油渍就会很难去除。因此，一定要在刚沾上酱油的时候马上处理。

需要准备的物品

- 沾上酱油的衣服或布制品
- 醋　• 水　• 勺子
- 中性清洗剂（餐具用洗洁精等）
- 抹布（用于擦除酱油渍，也可以用作垫布）

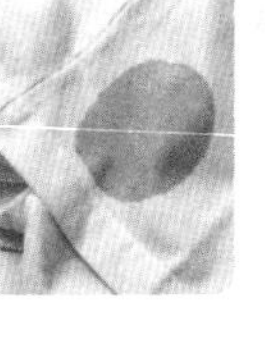

酱油渍的种类

污渍分为可以溶于水的污渍和可以溶于油的污渍。酱油渍属于可以溶于水的污渍，如果是刚刚形成的酱油渍，大家可以尝试用水清除。

特别说明

在做实验时，请使用不是黑色的、不含糖分的谷物酿造的醋。

实验步骤

倒一勺醋，然后加入两三勺水进行稀释。

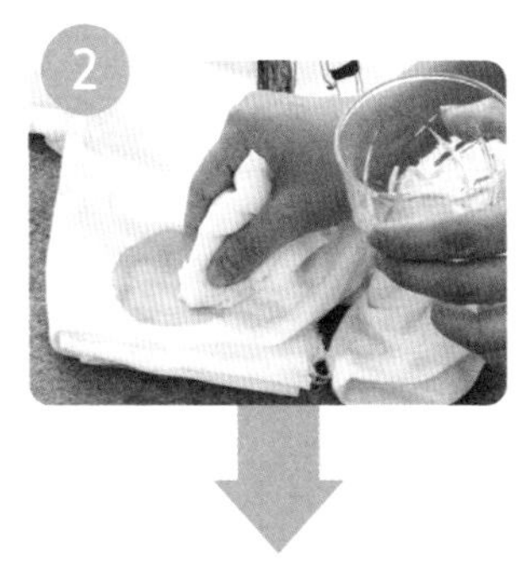

在沾上酱油渍的物品下面铺上布（垫布），用蘸了醋（稀释后）的布从上向下轻轻敲打污渍部位。

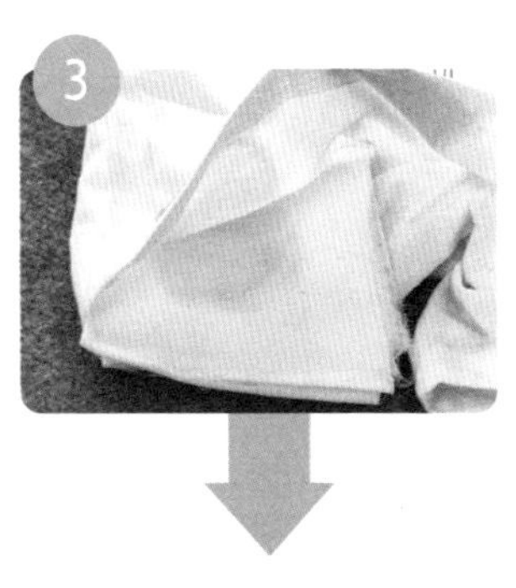

污渍会转移到垫布上。然后，用稀释后的中性清洗剂清洗沾上酱油渍的部位。

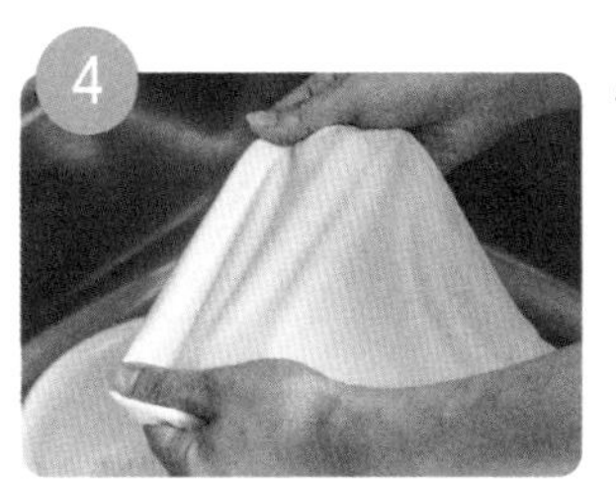

酱油渍被去除啦！

科学原理真有趣

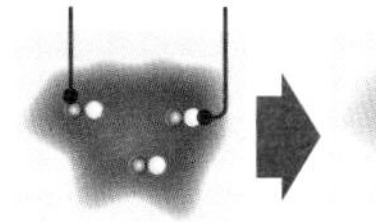

酱油中含有很多种氨基酸。这些氨基酸会和醋中含有的醋酸和柠檬酸等酸发生反应，然后溶解。酸类物质也会溶解在含醋的水里，这样污渍就被清除了。

再多了解一些

氨基酸是动物和植物生存不可缺少的物质。人体大约 20% 是由氨基酸形成的蛋白质构成的。酸在溶于水后，会产生氢离子（H^+），呈现酸性。

醋具有很强的酸性，将醋直接涂在衣服上可能会损伤面料。因此，在做实验时一定要稀释后再使用。

粘在衣服上的口香糖可以用酒精消毒液去除。

我们可能会不小心在衣服、包里以及鞋底等物品粘上口香糖。口香糖具有很强的黏性，不易清理。不过，利用科学的力量就能把它清除干净啦！

需要准备的物品

- 粘上口香糖的衣服等
- 酒精消毒液
- 浸泡用容器
- 牙刷

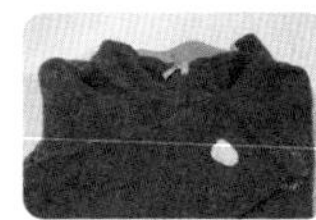

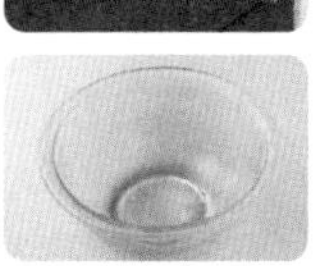

头发粘上口香糖时，可以用以下物品清除

植物油

黄油

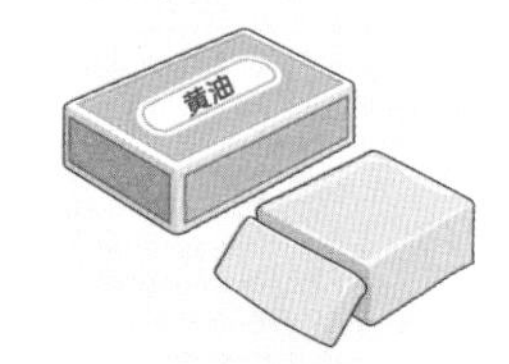

注意事项

有的化纤类材质的衣服可能会在沾上酒精后产生污渍，因此在做实验前要记得确认产品标签。此外，不要用油来去除衣服上的污渍，因为油本身也会产生污渍。

实验步骤

1 把酒精消毒液倒进浸泡用的容器，把粘有口香糖的部分浸泡5分钟左右。

2 把浸泡后的衣服取出，就可以去除口香糖了。

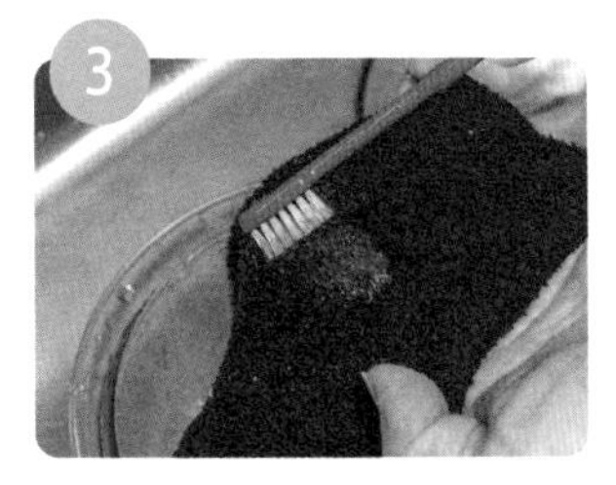

3 把在步骤2中没有完全去除的口香糖用牙刷轻轻地刷干净。

巧克力中含有油性成分，因此如果把口香糖和巧克力同时放到嘴里，口香糖就会溶解。

科学原理真有趣

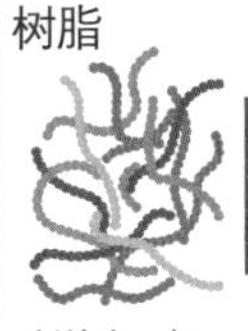

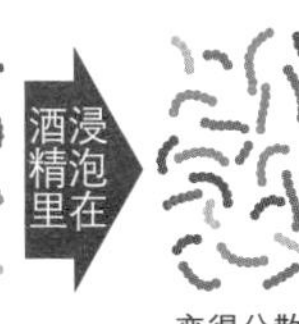

口香糖的原料（口香糖胶基）包括树液中的天然树脂、人工生成的聚醋酸乙烯酯和聚异丁烯等合成树脂。口香糖具有黏附力，是因为含有聚醋酸乙烯酯这种成分，而聚醋酸乙烯酯可以溶解在酒精中。因此，在用酒精消毒液浸泡后，口香糖的黏附力会减弱，可以很轻松地被去除。

再多了解一些

大部分酒精消毒液的酒精度数是70~75度左右。在去除口香糖时，大家也可以用其他含有酒精的物品代替酒精，不过假如该物品的酒精度数过低就很难产生好的效果。

衣领上的污渍
可以用餐具用洗洁精轻松去除。

烹饪　清洁　洗衣服　其他

就算是只穿一次就清洗，衬衫的衣领等处也会有污渍残留。这些不能通过普通清洗剂去除的顽固污渍，可以利用餐具用洗洁精来去除。

需要准备的物品

- 沾有污渍的衣服
- 餐具用洗洁精
- 热水（40 摄氏度左右）
- 浸泡用容器
- 牙刷
- 洗衣机
- 水或温水（洗衣机用）
- 衣物清洁剂

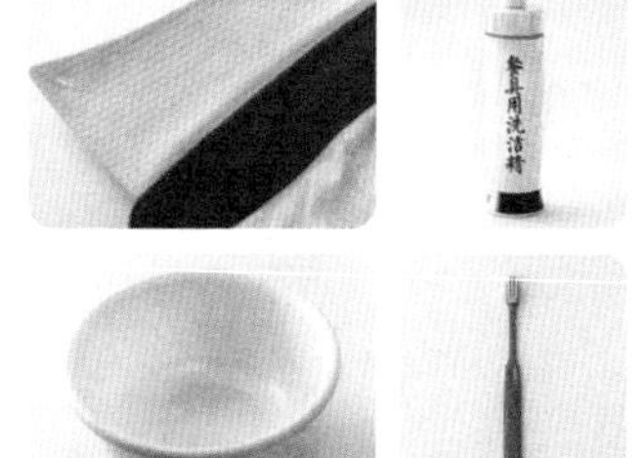

也可以用来去除这些污渍

衣领

袖口

注意事项

在做实验前，要先把洗洁精蘸在衣服不显眼的地方，确认一下衣服是否会褪色。

实验步骤

1

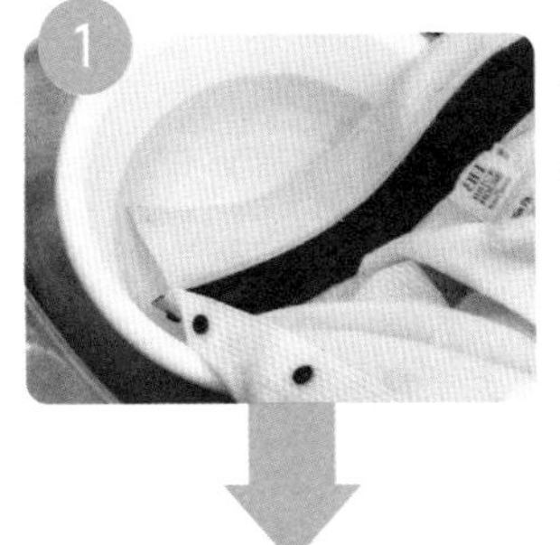

用热水浸泡衣物上有污渍的部位。

2

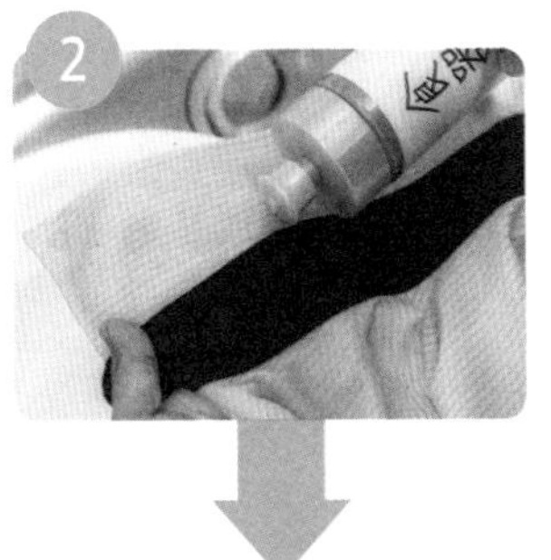

把步骤①中的衣物从热水中取出，在有污渍的部位涂上餐具用洗洁精。

3

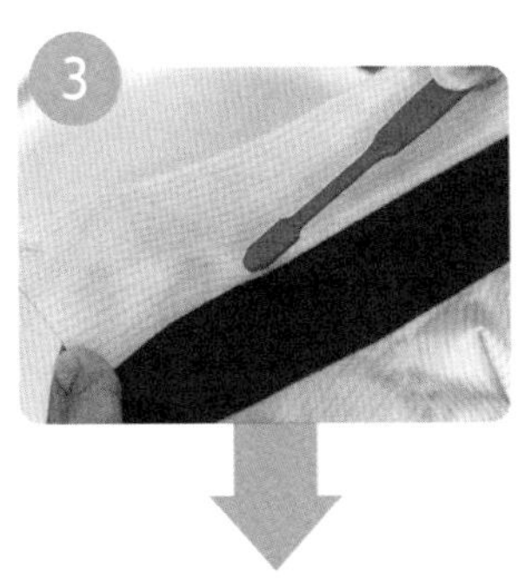

用牙刷轻轻涂抹，使餐具用洗洁精渗入布料中。

※如果用力过大，可能会损伤布料，因此要注意力度。

4

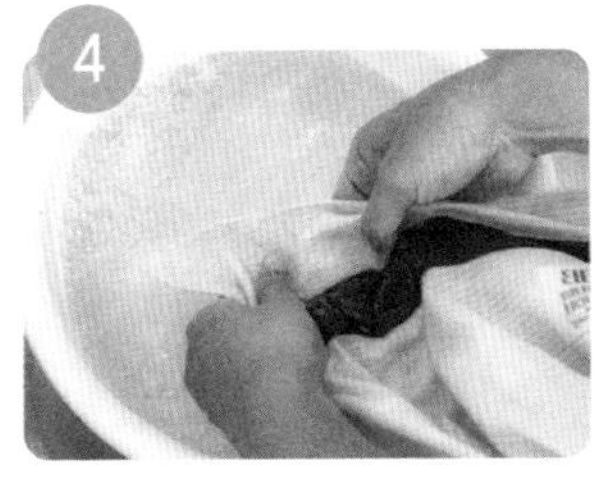

用热水冲洗餐具用洗洁精，然后使用衣物清洁剂，在洗衣机中清洗衣物。

科学原理真有趣

表面活性剂包围皮脂（蛋白质）。

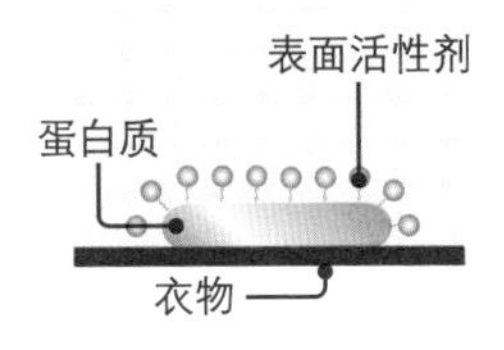

皮脂（蛋白质）污渍变成很小的颗粒，从衣物上脱落。

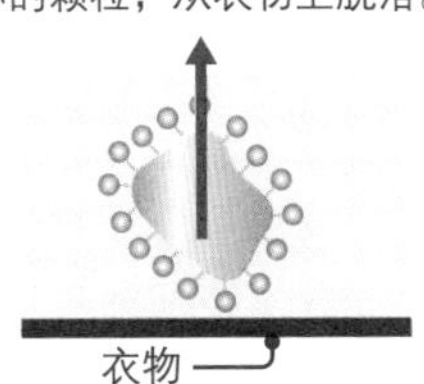

衣领和袖口等处的黄色污渍是一种蛋白质。脖子周围很容易出汗，所以衣领更容易变黄。洗洁精中的去污成分浓度大于洗衣液，因此更容易去除衣领上的污渍。

这个方法也可以用来去除掉落在衣物上的食物油渍。

利用揉成团的报纸，可以使衣物快速变干。

在房间里晾晒衣物时，可能很长时间也无法晾干。这时，可以利用报纸使衣物快速干燥。而且，晾晒方法也有诀窍。

需要准备的物品

- 需要洗的衣物
- 报纸
- 用于晾干衣物的晾衣架

可以快速使衣物干燥的方法

使衣物呈弧状分布。

促进通风。

特别说明

在晾晒衣物时可以使衣物呈弧状分布，这样就能形成风的通道，湿润的空气更容易流动，衣物也能更快地晾干。

实验步骤

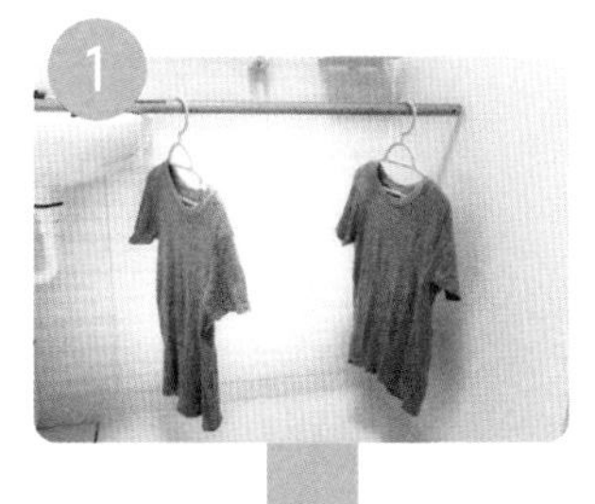

1 把洗完的衣物挂在晾衣架上。

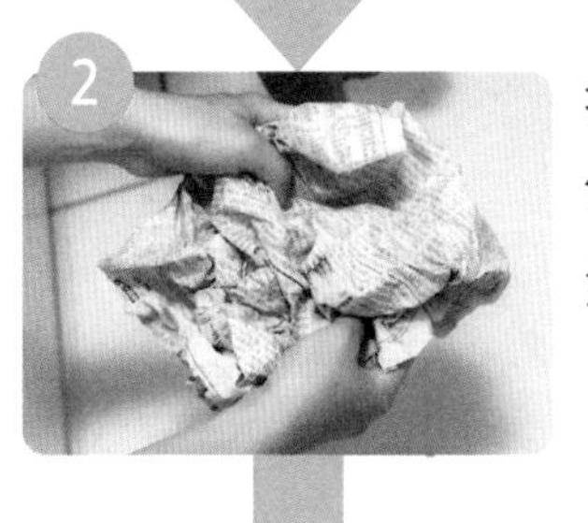

2 把几张报纸团成皱巴巴的样子，然后展开。

3 把步骤2中的报纸放到衣物下方。

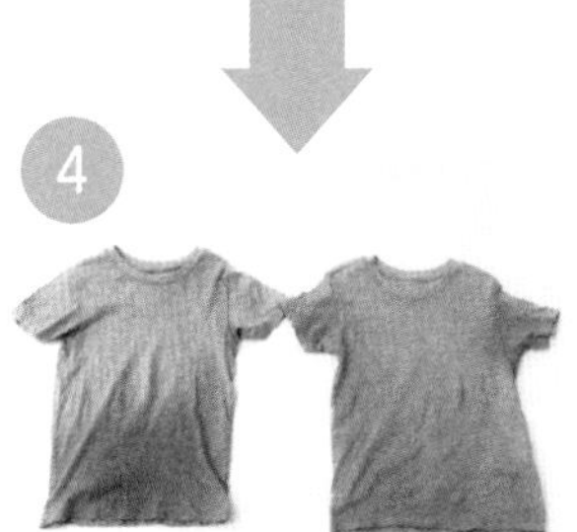

4 5个小时后，铺了报纸的衣服的情况（右侧），以及没铺报纸的衣服的情况(左侧)。

※ 受到温度、湿度等条件的影响，变干的速度不一样。

科学原理真有趣

洗完的衣物变干，是因为衣物中的水分蒸发，进入空气中。报纸可以吸收空气中的水分，因此，如果把报纸垫在衣物下方，水分就会更容易蒸发，衣物也会更快地晾干。

再多了解一些

在一定温度下，空气中含有的水分量是一定的，假如空气中已经含有很多水分，洗完的衣物中的水分就会很难蒸发。

把报纸团成皱巴巴的样子，使其比平铺时与空气的接触面积增大，这样能够更快地吸附水分。

第4章

简单实用的实验——家务琐事中的奇妙科学

除了烹饪、清洁和清洗衣物，日常生活中还有一些劳动也可以利用科学的方法解决，一起来试试吧！

鞋子的异味会消失！铜质硬币变魔术。

烹饪

清洁

洗衣服

其他

我们经常穿的鞋子容易散发异味。如果在鞋子中放入铜质硬币，异味就会消失。

需要准备的物品

- 异味很大的鞋子
- 铜质硬币

也可以用其他物品来消除异味

铝箔

铝箔（铝）具有和铜质硬币一样的效果。

报纸

把揉成团的报纸放进鞋子里，可以吸附鞋里的水分，这样杂菌就很难繁殖。

实验步骤

1 在鞋子中放入5~10枚铜质硬币。可以在容易散发异味的脚尖处多放几枚。

2 放置一晚。

3 第二天，把铜质硬币取出，异味就会消失了。

科学原理真有趣

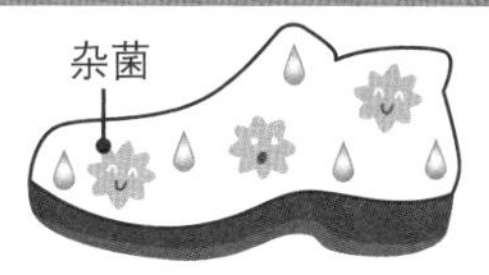

受到汗水等的影响，鞋子里很容易变得闷热潮湿（含有水分），因此，杂菌很容易繁殖。

①铜可以和鞋子中的水分发生反应，形成铜离子。

②铜离子可以杀死鞋子中的杂菌。

鞋子之所以会产生异味，是因为鞋子中的杂菌繁殖。如果在鞋子中放入铜质硬币，铜质硬币中的铜会和鞋子中的水分发生反应。在这个过程中产生的铜离子可以分解杂菌，所以异味就消失了。

注意事项

如果把铜质硬币一直放在鞋子里不拿出来，铜的气味就会转移到鞋子里，因此放置一晚刚刚好。

银（Ag）离子也具有抗菌和杀菌效果。

只需3秒，粘在一起的塑料袋就可以利用静电的力量来打开。

购物后，我们需要把物品放进塑料袋里，却很难打开粘在一起的塑料袋。这时，只需要用手掌搓一搓，就可以轻松地打开了。

需要准备的物品

- 塑料袋或者塑胶袋

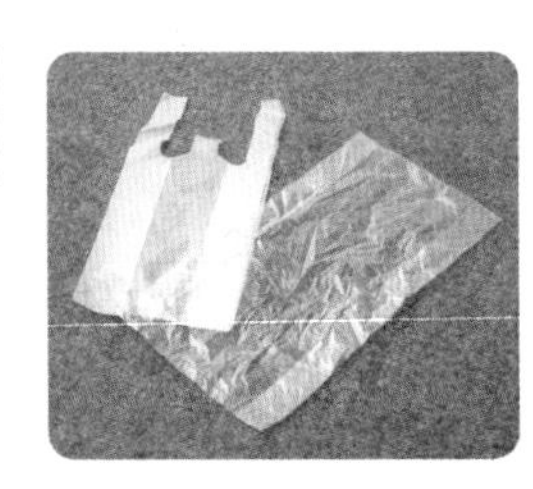

特别说明

就算是很大的塑料袋，也可以用这个方法打开。

也可以用其他方法打开塑料袋

把指尖沾湿。

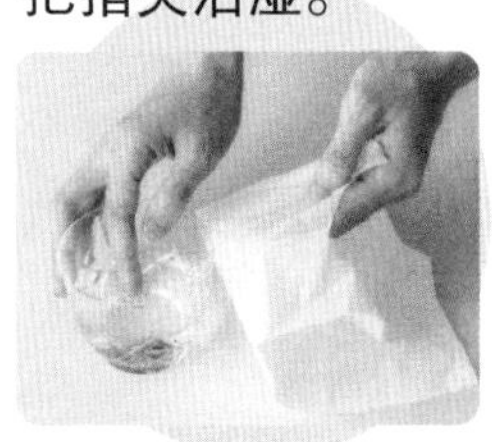

把塑料袋的口分别向相反方向拉开。

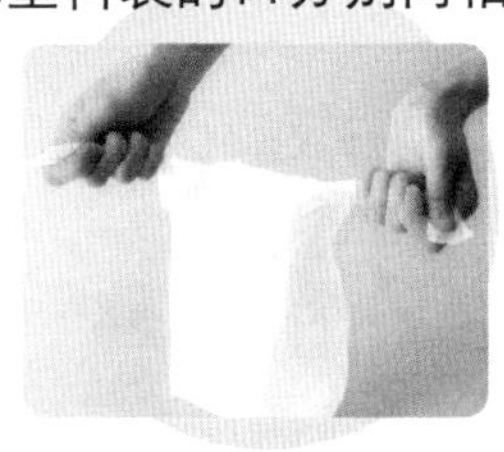

实验步骤

1 把塑料袋放在两个手掌中间。

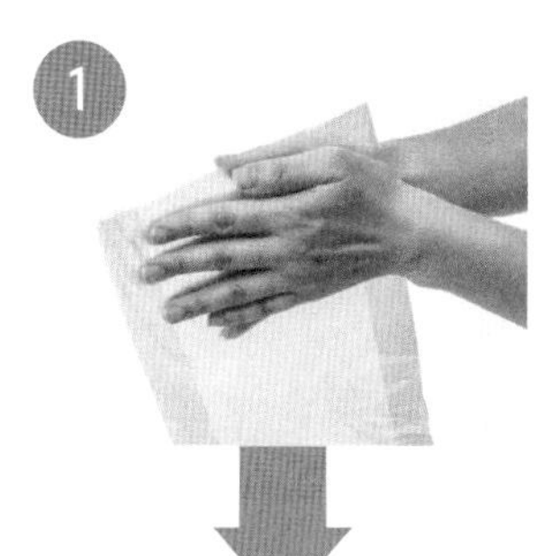

2 手掌朝着前后方向搓动。

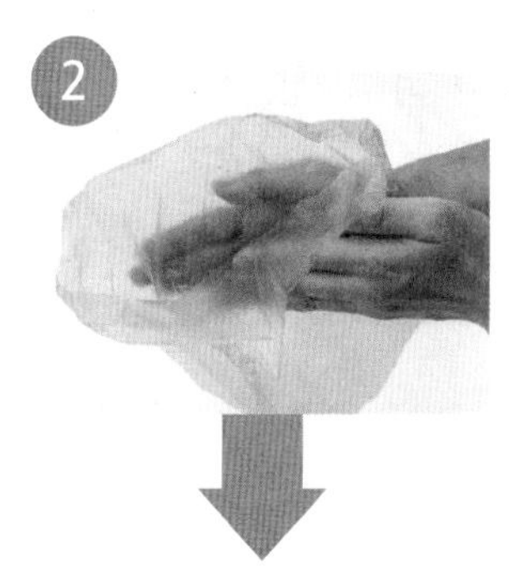

3 从搓起的部位打开塑料袋。

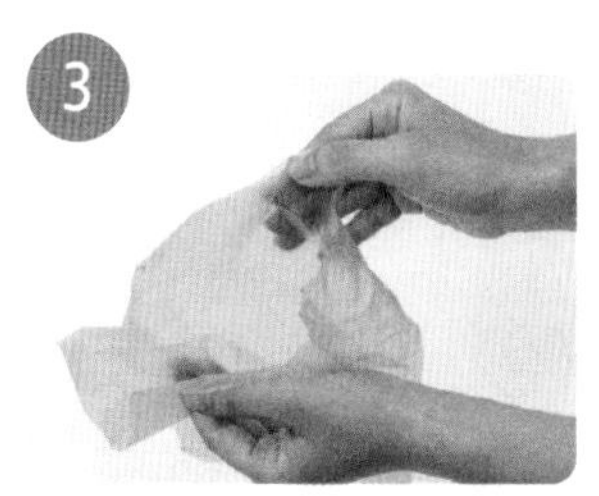

科学原理真有趣

把塑料袋夹在手掌中间，轻轻搓动。

塑料袋

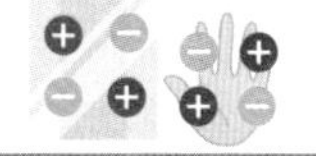

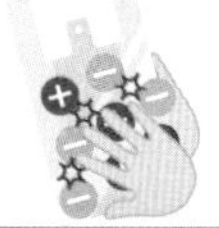

所有的物品中都含有“+”（正电荷）和“-”（负电荷）这两种电荷。而且，两种电荷的数量相同，从而保持平衡。如果用两手搓动塑料袋，“+”和“-”就会失衡，相同种类的电荷之间会相互排斥（静电），就可以很容易打开塑料袋了。

再多了解一些

两个物品在相互摩擦时，一侧的负电荷会转移到另一侧，其结果是其中一侧的正电荷增加，而另一侧的负电荷会增多。

特别说明

相比指尖，搓手掌可以产生更多的静电，因此塑料袋就很容易打开。

在使用之前，塑料袋会紧紧粘在一起，这也是因为弱静电。

利用塑料瓶和牛奶，可以很简单地制作便利灯笼。

烹饪

清洁

洗衣服

其他

只要花一点小心思，就可以使小小的手电筒变身成可以照亮周围环境的灯笼。这个实验不需要用到火，因此很安全。

需要准备的物品

- 空塑料瓶
- 牛奶数滴
- 水
- 手电筒
- 水杯等（比手电筒更高的水杯）

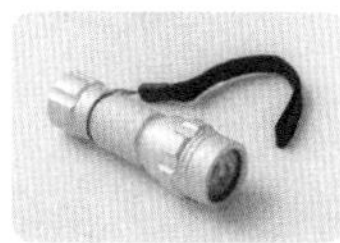

也可以尝试使用其他物品

肥皂

淀粉

特别说明

只需要加入少量牛奶，目的是使水变成白浊状。

实验步骤

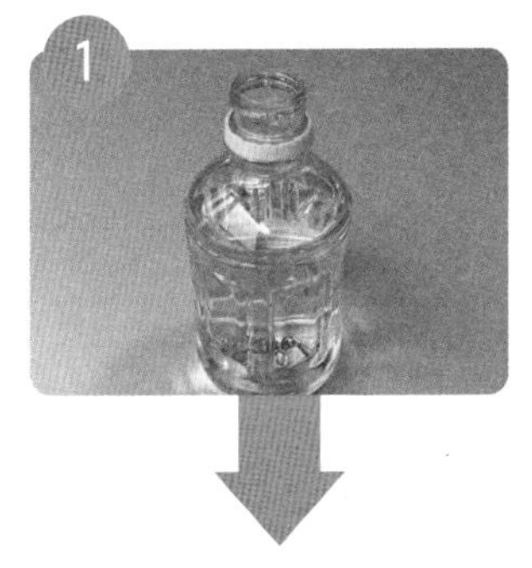

在空塑料瓶中加入90%的水。

在步骤①中的塑料瓶中加入牛奶。

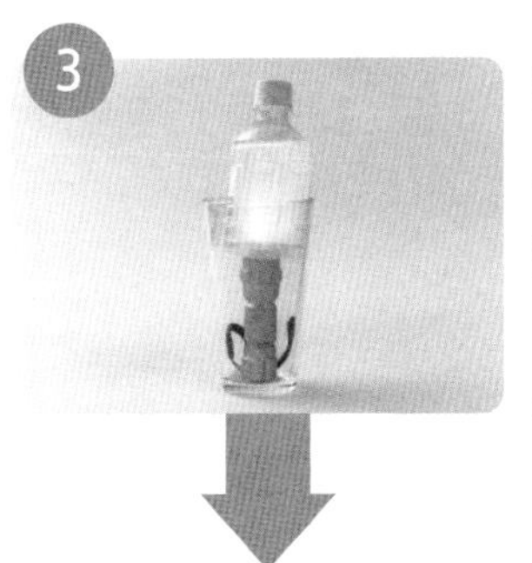

打开手电筒，朝上放入水杯中。然后把步骤②中的塑料瓶放在手电筒上方。

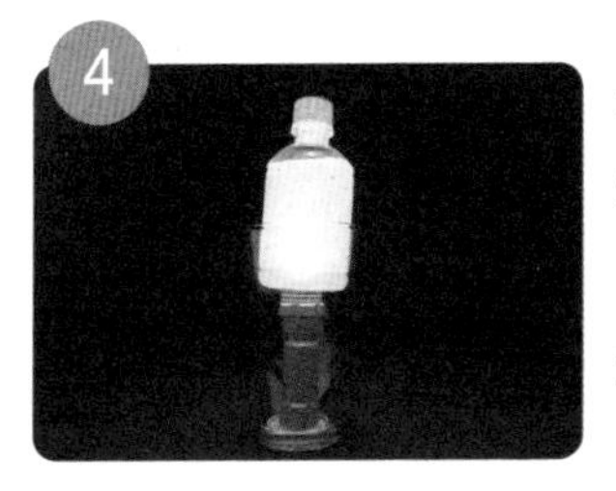

关掉房间中的灯，塑料瓶就可以照亮周围环境了。

科学原理真有趣

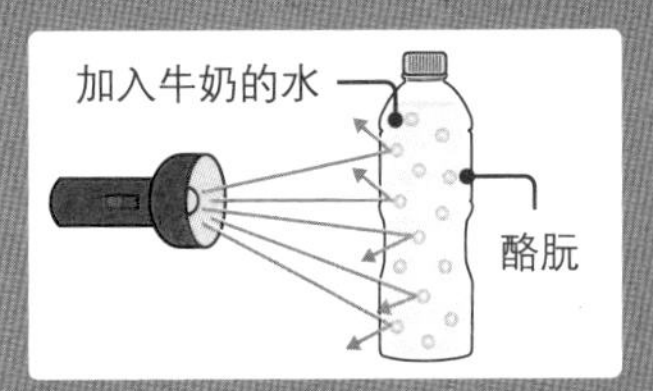

牛奶之所以呈现白色，是因为在水中悬浮着很多名叫酪朊的蛋白质以及奶油等细小颗粒。如果用手电筒照射加入了几滴牛奶的水，光就会被酪朊等细小颗粒反射，发生散射，这种现象叫“丁达尔效应”。因此，加入了牛奶的塑料瓶会比只加入了水的塑料瓶看起来更亮。

丁达尔效应要求悬浮粒子的大小与光的波长接近。一般水溶液中的分子、离子太小，难以满足这个要求。即使是白色物质，如果可以溶解在水中，也无法反射光线。因此，溶解了盐和砂糖的水无法引起丁达尔效应。

用电吹风的暖风吹一下，皱巴巴的雨伞就会焕然一新。

烹饪 清洁 洗衣服 其他

在雨季，我们几乎每天都会使用雨伞。通过下面的实验，皱巴巴的雨伞就会焕然一新，其防水性能也会提升。

需要准备的物品

- 皱巴巴的雨伞
- 毛巾
- 电吹风
- 用于标记位置的胶带或标签

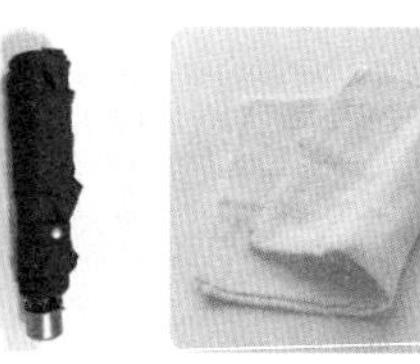
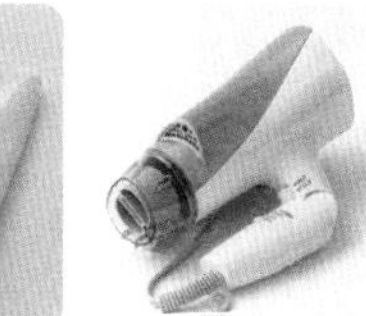
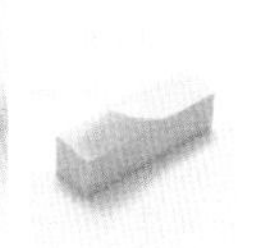

实验是否成功，关键在于雨伞的材质

聚乙烯（塑料制）

涤纶 / 尼龙（布制）

注意事项

布制雨伞在长期使用后，上面的涂层会脱落，没有涂层的雨伞无法通过这种方法来改善。

实验步骤

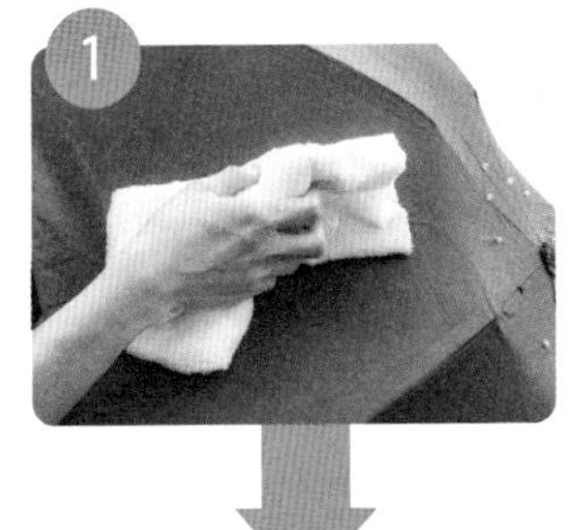

用毛巾把雨伞表面的污渍擦干净。

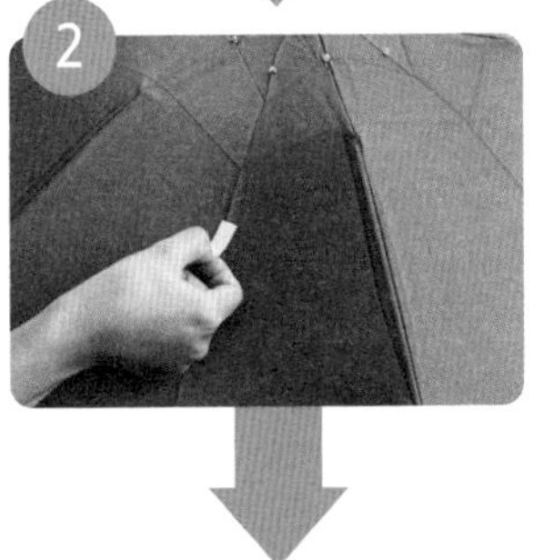

确定使用电吹风加热的起始位置，贴上标签，进行标记。

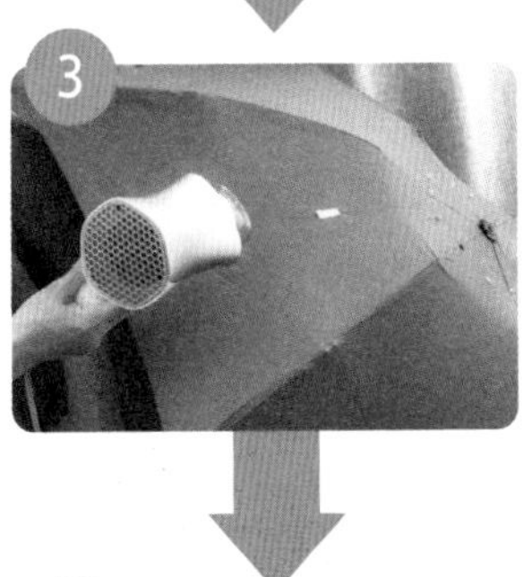

距离雨伞 10 厘米左右，用电吹风进行加热。用热风对每一个位置分别加热 30 秒。

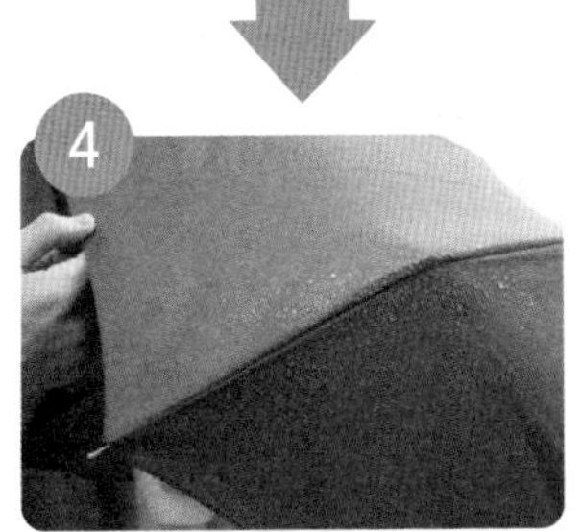

尤其要注意折痕处。等雨伞表面所有位置加热完毕，原来皱巴巴的雨伞焕然一新，雨伞的防水性能也变好了。

科学原理真有趣

雨伞表面材质　含氟树脂　水滴

弹开水滴

雨伞表面覆盖了含氟树脂涂层。

处于休眠状态的含氟树脂

受到热量影响，恢复原来的状态。

布制雨伞的表面覆盖了含氟树脂的涂层，微小的含氟树脂突起就像是细小的绒毛一样立起，可以把水弹开。防水性能变差的原因是受到摩擦等因素的影响，含氟树脂突起倒下，处于休眠状态。如果施加 50 摄氏度以上的热量，含氟树脂突起就可以恢复原来的立起状态。电吹风的热风温度是 75 摄氏度左右，因此我们可以通过吹热风来恢复雨伞的防水性能（把水弹开的性能）。

含氟树脂除了可以弹开水滴，还可以用于制作炒锅和牙齿的涂层等。

对课外研学大有帮助
研究性学习（研学）的总结方法

在进行研究性学习（研学）时我们可能会有很多困惑。比如，想不到研究主题，不知道怎么写总结，等等。下面将向大家介绍做实验的方法和总结实验的方法等。

1 从本书中选择一个主题

本书中记载了很多既简单又有趣的实验。大家可以先从头到尾读一遍，从中选择一个自己感兴趣的主题。在这里，我们以“制作五彩缤纷面”（参见 p.44~45）为例来进行说明。

2 为实验做准备

在做实验之前，需要完成以下三项准备工作：确认实验步骤、预想实验结果、准备实验所需物品。在实验中使用的工具和材料，请参考“需要准备的物品”部分。

在开始实验之前，可以一边阅读实验的内容，一边在大脑中想象实验的步骤，这样就能保证实验顺利进行。

③ 做实验

★要严格按照实验步骤做实验

如果不遵守本书中记载的材料要求和实验步骤，实验就可能会失败。另外，还要注意以下几个方面。

- 在使用清洗剂等实验材料之前，请认真阅读说明书。
- 在使用火、菜刀、化学试剂、清洗剂等物品时，身边一定要有成人。

★可以多次进行实验

如果只做一次实验，可能无法获得正确的实验结果。因此，可以多做几次实验。如果在做了几次实验后发现实验结果不一样，可以采用出现次数较多的结果，或者再进行一次实验。如果最终数值参差不齐，可以取平均值。平均值的计算方法是“所有数值相加后的总值 ÷ 实验次数”。

★认真进行观察

可以利用看、听、触摸、品尝、感受等多种多样的方法，对实验中出现的变化和反应进行观察。

4 进行记录

可以通过记笔记、拍照片的方式，记录实验的过程和结果。最关键的是要准确地进行记录（包括失败的经验）。在实验笔记中，要写上实验日期、实验主题等基本事项，以及实验过程和实验结果等内容。

★记录笔记示例

7月29日（星期五）

主　　题	制作五彩缤纷面
目　　的	研究面的颜色变化
结果预测	用煮过紫甘蓝的热水煮面之后，面的颜色会变成绿色。 在面中加入醋之后，面的颜色会变成粉红色。
使用物品	碱水面条、紫甘蓝、水、醋、锅、长筷子、滤网
步　　骤	①煮紫甘蓝 ②用煮过紫甘蓝的热水煮面。 ③把步骤②中的面平均分成两份，在其中一份中加入醋。
面的颜色	黄色 → 绿色　　绿色 → 粉红色
结　　果	用煮过紫甘蓝的热水煮面之后，面的颜色变成了绿色。 在面中加入醋之后，面的颜色变成了粉红色。

发现和感受到的事项

- 我原本认为用煮过紫甘蓝的热水煮面之后，面的颜色可能会变成紫色，但是，和书中记载的一样，面的颜色变成了绿色。
- 煮过紫甘蓝的热水不是紫色，而是带一点儿绿色的颜色。
- 用煮过紫甘蓝的热水煮的面，在经过一段时间之后，颜色变得更深。

★用表格总结的方法

如果以表格的方式对实验结果进行总结，会更加容易理解。关于在横向和竖向表格中的内容，要根据实验主题填写。为了更容易理解，有的主题也可以使用图表。

面	①用普通的热水煮的面	②用煮过紫甘蓝的热水煮的面	③在步骤②中的面里加入醋，进行搅拌之后的面
颜色	黄色	绿色	粉红色

★照片的拍法

可以拍下实验前的状态、实验经过和实验结果的照片。就像是下方的“○的示例”一样，在拍照片时，要对好焦，拍清楚。如果像下方的“× 的示例”一样，出现“没有对好焦、拍照对象倾斜、拍照对象不完整”等问题，在对实验进行回顾时就会不容易理解。

○的示例

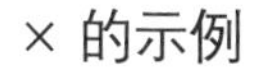

× 的示例

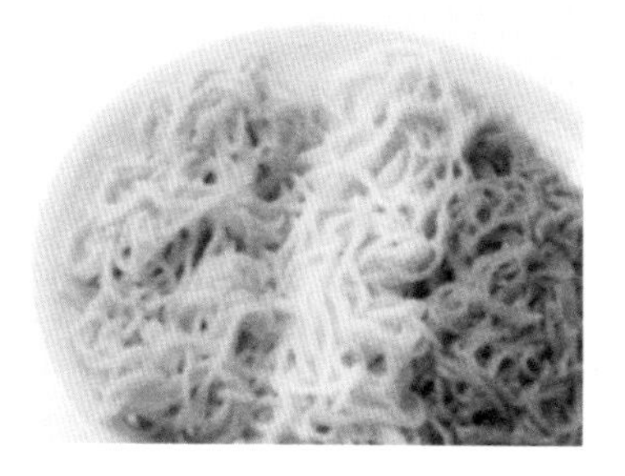

5 对比本书内容和实验结果

对比自己的实验结果和本书中描述的实验结果。如果自己的实验结果和本书中描述的一样，就可以通过阅读“科学原理真有趣”部分，理解为什么会出现这种结果。假如自己实验结果和本书中描述的不一样，可以调查其原因，并思考为什么会出现不同的结果。

6 对实验结果进行总结

实验结束以后，可以参考记录笔记和照片，利用尺寸较大的纸张，或者是笔记本、素描本等对实验结果进行总结。在进行总结时，一定要记得记录以下事项：

“标题”“目的”“预想”“使用物品”
“实验步骤”“实验结果”
“明白的事情和感想”
“参考文献（书或者网站等）”

此外，也可以插入表格、照片、图画等，使实验更加简单易懂。

实验步骤
如果使用 1、2、3 等数字进行编号，会使步骤简单明了。

实验结果
使用表格和照片等，能使总结变得更加简单易懂。

学会的事情以及感想
写下自己从实验结果中学会以及感受到的事情。可以参考“科学原理真有趣”部分，来书写这一部分。

就算是实验失败，或者是没有获得预期的结果，那也是很棒的实验结果，可以如实地记录下来。如果已经明白了实验失败的原因和可以改善的地方，一定要把这些也记录下来。

目的
简单地说明为什么进行这个实验。

标题
把表达实验内容的标题，用大字体写在最上方。

预测
在这里写下你对实验结果的预测。

制作五彩缤纷的面

4年级1班　王小小

目　的

用煮过紫甘蓝的热水煮碱水面条，然后再在面中加入醋，探究面的颜色会产生什么样的变化。

预　测

用煮过紫甘蓝的热水煮面之后，面的颜色会变成绿色。在面中加入醋之后，面的颜色会变红。

使用物品

碱水面条、紫甘蓝、水、醋、锅、长筷子、滤网

使用物品
在这里写在实验中需要用到的物品。

步　骤

①用锅煮紫甘蓝，然后把紫甘蓝捞出。

②用煮过紫甘蓝的热水煮面。

③把步骤②中的面平均分成两份，在其中一份中加入醋。

结　果

面的种类	① 用普通的热水煮的面	② 用煮过紫甘蓝的热水煮的面	③在步骤②中的面中加入醋，然后搅拌
颜色			

发现和感受到的事项

我原本认为用煮过紫甘蓝的热水煮面之后，面的颜色可能会变成紫色，但是，面的颜色变成了绿色。紫甘蓝中含有花青素这种成分，它在和碱水面条中使用的“碱水”这种碱性物质混合在一起后会变成绿色。然后再加入醋，就会变成粉红色。

参考文献

《家庭实验室 ASCOM》（作者：市冈元气）

参考文献
在这里写下自己参考的书籍（书名、作者、出版社名）或网页（标题、URL、发布人名称）等。

著作权合同登记号 图字：01-2023-4342

图书在版编目（CIP）数据

藏在劳动课中的科学实验 /（日）市冈元气著；刘旭阳译. — 北京：现代教育出版社, 2024.8

ISBN 978-7-5106-9440-0

Ⅰ. ①藏… Ⅱ. ①市… ②刘… Ⅲ. ①科学实验 - 儿童读物 Ⅳ. ①N33-49

中国国家版本馆CIP数据核字（2024）第072033号

藏在劳动课中的科学实验

作　　者	［日］市冈元气
翻　　译	刘旭阳
项目统筹	王春霞
选题策划	义圃童书
责任编辑	李　昂　周晓玲
装帧设计	蔡蓓蓓
出版发行	现代教育出版社
地　　址	北京市东城区鼓楼外大街 26 号荣宝大厦三层
邮　　编	100120
电　　话	010-64256130（发行部）
印　　刷	北京新华印刷有限公司
开　　本	880 mm × 1230 mm　1/32
印　　张	3.625
字　　数	145 千字
版　　次	2024 年 8 月第 1 版
印　　次	2024 年 8 月第 1 次印刷
书　　号	ISBN 978-7-5106-9440-0
定　　价	49.80 元

我的实验